优秀传统文化新名片
学习二十四节气新读本

读童谣 知节气

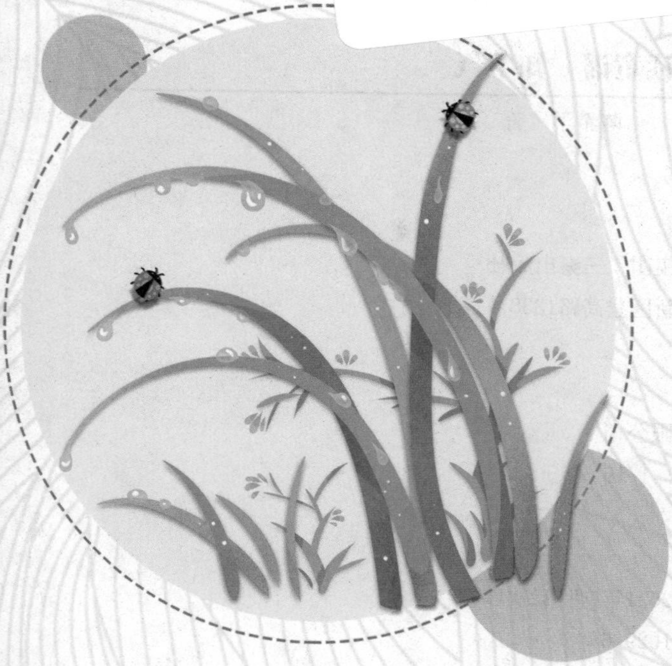

陈希学 著

陕西新华出版传媒集团
三 秦 出 版 社

图书在版编目(CIP)数据

读童谣，知节气 / 陈希学著. —西安：三秦出版社，2020.6
ISBN 978-7-5518-1029-6

Ⅰ. ① 读…　Ⅱ. ① 陈…　Ⅲ. ① 二十四节气—儿童读物
Ⅳ. ①P462-49

中国版本图书馆 CIP 数据核字 (2020) 第 096789 号

读童谣　知节气

陈希学　著

责任编辑　甄仕优
责任校对　赵　炜　雷梦雯
出版发行　陕西新华出版传媒集团　三秦出版社
社　　址　西安市雁塔区曲江新区登高路1338号
电　　话　(029) 81205236
邮政编码　710061
印　　刷　三河市冀华印务有限公司
开　　本　787毫米×960毫米　1/16
印　　张　10.5
字　　数　20千字
版　　次　2020年6月第1版　2021年7月第2次印刷
标准书号　ISBN 978-7-5518-1029-6
定　　价　48.00元
网　　址　http://www.sqcbs.cn

写在前面的话

2016年，我写的《社会主义核心价值观——童谣大家唱》一书被中共陕西省委宣传部作为精品出版项目，由西安电子科技大学出版社出版发行，为少年儿童学习、践行社会主义核心价值提供新的载体，成为陕西中小学主旋律教育的优秀读本，深受社会各界和青少年读者的好评。我想，孩子们为什么喜欢童谣？童谣对孩子来说又意味着什么？童趣盎然朗朗上口的童谣，不仅把抽象的价值观念、行为准则、思想品德用生动形象的语言和鲜活有趣的情节传递给了孩子，并通过咏诵转化为可学、可用、可模仿的行为，这恐怕就是童谣的魅力吧！

为了更好地发挥童谣易记易唱的优势，我又把重点放在了中华优秀传统文化方面，因为它积淀着中华民族深沉的精神追求，代表着中华民族独特的精神标识，是中华民族生生不息、发展壮大的基础。习近平总书记多次论述中华优秀传统文化的思想内涵、道德精髓、现代价值和传承理念，指出:“中华优秀传统文化已经成为中华民族的基因，根植在中国人内心，潜移默化地影响着中国人的思想方式和行为方式。”作为一名期刊主编、少年儿童文学作家，做好传统文化的传承和弘扬，就是在新时代建设社会主义文化强国的伟大实践中义不容辞、身体力行的使命担当。

那么，从哪方面入手写作呢？2016年，中国“二十四节气”被列入人类非物质文化遗产名录，让我对二十四节气知识的童谣创作有了更大的冲动。承载着中华优秀传统文化密码的二十四节气，正是中华先祖留给我们的宝贵财富，是总结人类生产与生活经验的智慧结晶，它所反映的关于气象、物候、农事等诸多方面的变化规律，对推动社会发展与人类文明进步起到了积极作用。

其实，我对节气的了解始于儿时记忆，经常听父亲说一些顺口溜和谚语。比如，“立春阳气转，雨水沿河边。惊蛰乌鸦叫，春分地皮干……”“冷在三九，热在中伏。”“腊月三场雾，河底踏成路。”“七月秋风凉，棉花白，稻子黄。”等等。而我真正对节气有一个整体了解和一点粗浅认识，则得益于这次写作之前的半年阅读。我购买和找来十多本关于节气的书籍，认真研读，系统了解，为写作提供更科学的依据和更充分的知识储备。这次在出版时，为了让读者更好理解童谣，特意在编写节气三候、民俗等内容的过程中参阅了大量古今经典著述，力求内容丰富、通俗易懂，既注重知识性，又注重趣味性。

这本小书，是向少年儿童普及二十四节气常识的通俗读本，其中也蕴含着我对节令的一些肤浅体会。我作为省民俗专家组成员，对民俗文化的研究尚且不够，资历也很浅薄，书中难免出现不妥之处，欢迎读者批评指正。

陈希学

2020 年 1 月于西安庸耕斋

序

学习节气文化　译解文明密码

王勇超

在中国民协、陕西省文联等单位举办“二十四节气民俗文化论坛”活动间隙，希学先生托人送来了《读童谣　知节气》书稿，并嘱我写点评语或其他。

希学先生是陕西省民协专家组成员、资深的少年儿童文学工作者，是《少年月刊》的主编，已创作并发表关于二十四节气、传统节日等民俗诗词百余篇（首）。他长期从事少儿教育工作，熟稔孩子们的心理需求，他的文章常以诗歌作为开篇，深受少年儿童的喜爱。他善于思考，笔耕不辍，所创作出的每一首诗作都饱含着其对中华优秀传统文化的传承与思考，颇为读者称道。

由希学著作的关于二十四节气新作——《读童谣　知节气》，语言通俗易懂，内容丰富多彩，形式鲜活生动。全书对每个节气都从简介、童谣、三候、民俗四个部分进行了知识解读和形象诠释，可读性强，宜歌宜诵，是少年儿童学习节气文化不可多得的好读物。

二十四节气，是中华民族古老文明和智慧的结晶，是中华先祖留给我们后人的宝贵财富。它起源于黄河流域，发展于春秋时代，确立于秦汉年间。公元前104年，由邓平等制定的《太初历》，正式把二十四节气订于历法，明确了二十四节气的天文位置。2006年，二十四节气被列入首批国家级非物质文化遗产名录；2016 年，联合国教科文组织将中国的二十四节气列入人类非物质文化遗产名录。古往今来，“节气”被广泛应用于天文、历法、农耕、军事等领域，也成为文人墨客笔下常见的情景，并产生了许多脍炙人口的文学作品，表现和反映了广大人民和作者在二十四节气中的生活风貌、喜怒哀乐。

希学先生不仅为我们译解了古老节气文化所承载的文明密码，还对传统的节日文化进行了深入挖掘和研探。希望更多的人参与到节气文化的阐释与弘扬中来，让节气文化这笔宝贵财富更好地服务于社会生活，让中华优秀传统文化蕴含的思想观念、人文精神、道德规范，成为凝聚人心、教育群众、淳化民风的重要资源。我相信，二十四节气文化必将在新时代焕发新活力、展现新魅力。

是为序。

王勇超

己亥大雪 于省思斋

王勇超吟书贺陈希学先生《读童谣　知节气》出版

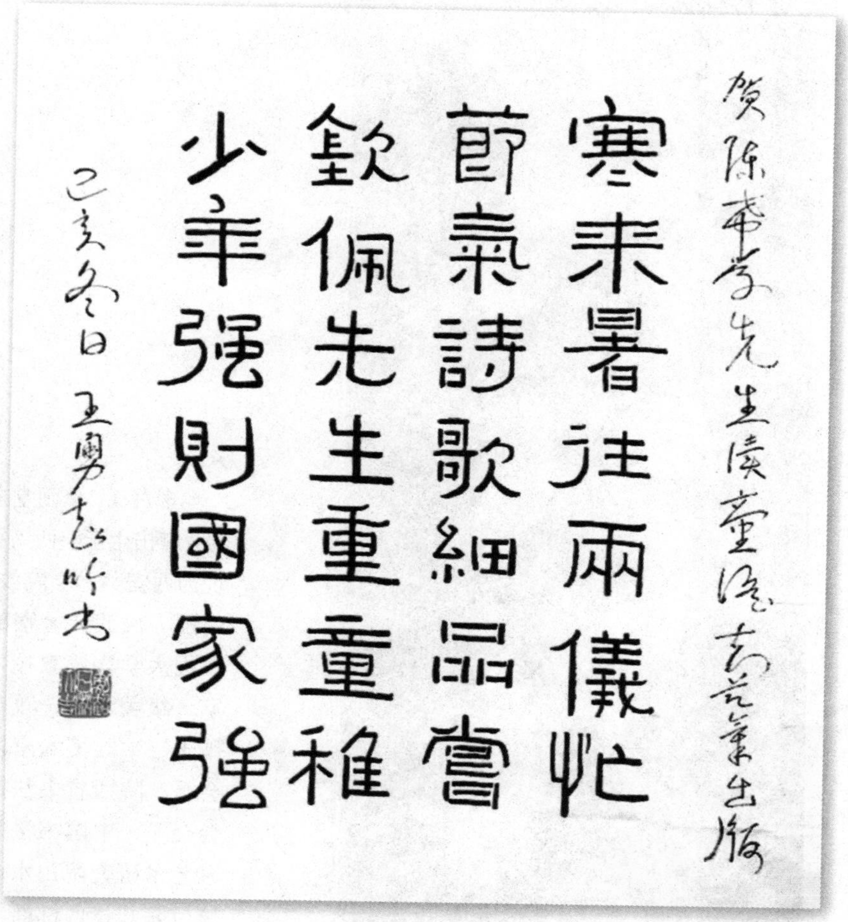

王勇超，研究员，享受国务院特殊津贴专家。系第十一、十二、十三届全国人大代表，中国文联第十届全委会委员，中国民间文艺家协会副主席，陕西省文联副主席，陕西省民间文艺家协会主席，关中民俗艺术博物院院长。著有诗集《五台吟》，主编《关中民俗文化艺术丛书》(16 卷本) 等。

李百战贺陈希学先生《读童谣　知节气》出版

秋晓图

李百战，瀛雨堂主，1957年出生于陕西兴平。现为西安美术学院教授、中国人民武装警察部队工程大学客座教授、国家一级美术师、教育学硕士、中国美术家协会会员。陕西省书法家协会会员、中国书法家画家艺术研究院山水画院执行院长、西部新闻文化艺术研究院书画研究院常务院长。曾任全国第六、七、八、九、十届美术院校图书馆专业委员会副秘书长。

目录

二十四节气知识记忆歌总歌

序

廿四节气开画卷，
中华文化系渊源。
龙魂神韵国粹宝，
举世文明千载传。

廿四节气解自然，
天文地理面面观。
智慧创造古历法，
巧排生活细耕田。

廿四节气有内涵，
春夏秋冬四季连。
每季六节日期定，
最多只差一两天。

春

立春时节始春天，
万物复苏换新颜。
阳光洒地地解冻，
风和日丽丽人间。

雨水时节雨水欢，
林间疏影鸟鸣喧。
雨润大地洒甘露，
柳媚枝头着翠眼。

惊蛰时节春雷闪，
惊醒动物勿冬眠。
天气变暖春耕起，
施肥松土灌麦田。

春分时节春两半，
桃红李白染林间。
草长莺飞景无限，
鸟语花香正春天。

清明时节晴朗天，
蜂鸣蝶欢舞翩翩。
清明大家过节日，
怀念先烈祭祖先。

谷雨时节雨不闲，
青苗猛长播谷田。
柳絮纷飞牡丹艳，
鸟声起伏春蚕圆。

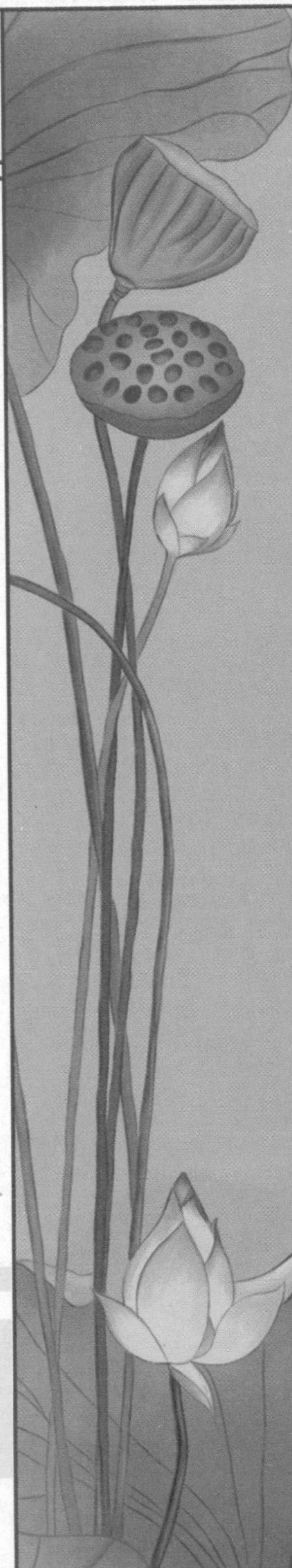

夏

立夏时节始夏天，
人们已把单衣穿。
绿色植物枝茂盛，
红花芬芳色斑斓。

小满时节麦粒满，
青穗渐黄香气散。
阴阳交换防暑热，
晴日暖风雨如烟。

芒种时节忙农田，
收割播种难清闲。
龙口夺食粮入囤，
芒种忙后一年甜。

夏至时节夜最短，
布谷起声蝉乱弹。
天气晴朗湿热重，
防晒祛湿护容颜。

小暑时节天气炎，
降温防暑不容缓。
强烈阳光要遮挡，
防涝抗旱早打算。

大暑时节酷热天，
避暑纳凉莫迟延。
闷热天气易上火，
多吃水果心悠然。

秋

立秋时节年过半，
北斗横转月清寒。
秋爽媚人秋光满，
早晚凉快午间炎。

处暑时节凉风漫，
葱茏疏影秋花艳。
早秋作物陆续熟，
高粱玉米快搭镰。

白露时节温差悬，
夜寒霜月雨霏烟。
清露浮白燕归去，
百花渐谢金菊妍。

秋分时节秋分半，
昼夜平分后转换。
秋高气爽艳阳照，
凉风飕飕星夜宽。

寒露时节仰苍山，
露凝成霜秋叶残。
九九重阳登高望，
漫山遍野色灿烂。

霜降时节秋云远，
夜晚风起凝霜寒。
雨冷秋寒染黄叶，
月落乌啼入冬天。

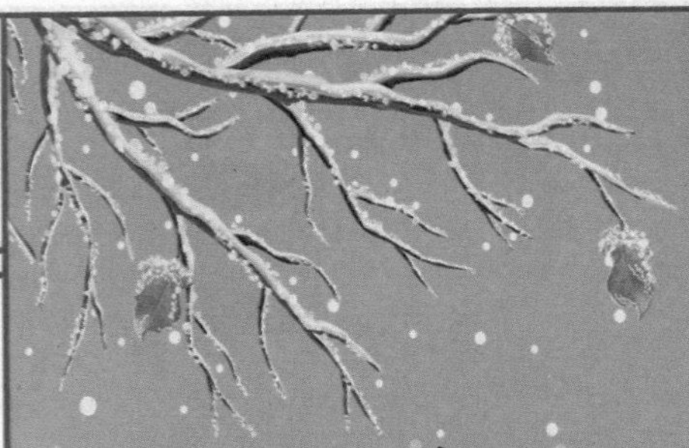

冬

立冬时节北风旋，
一天更比一天寒。
立冬小雪紧相连，
准备冬衣不等闲。

小雪时节雪花漫，
清寒凛冽动物眠。
草木花卉闲中过，
白羽倦飞天地间。

大雪时节雪漫天，
落地盈尺裹山川。
冰清玉洁景妖娆，
瑞雪飘飘兆丰年。

冬至时节昼最短，
阴冷极致天最寒。
天冷要数三九冷，
此时阳生孕春天。

小寒时节腊月天，
梅花点红盈枝间。
年轮更替近岁暮，
腊八之日祈丰年。

大寒时节冰凌攀，
阴冷至极冬欲残。
天寒地冻何所惧，
爆竹声声迎春天。

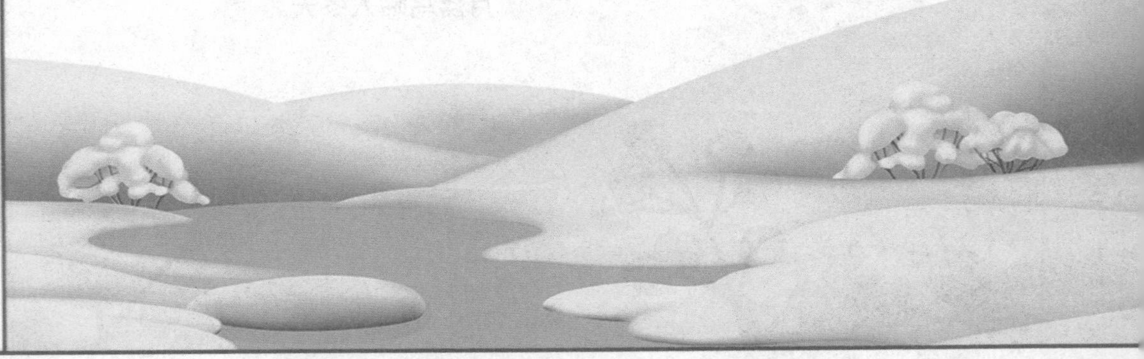

结束语

节气知识千百年，
华夏儿女代代传。
我们常把歌吟唱，
每个名称记得全。

春雨惊春清谷天，
夏满芒夏暑相连。
秋处露秋寒霜降，
冬雪雪冬小大寒。

立春

立春

lì chūn

为农历正月节，公历2月4日或5日。“立”是开始的意思，立春也就是春季开始了。立春之后白昼渐长，阳光渐暖，万物复苏。一年之计在于春。春是温暖，鸟语花香；春是生长，耕耘播种。

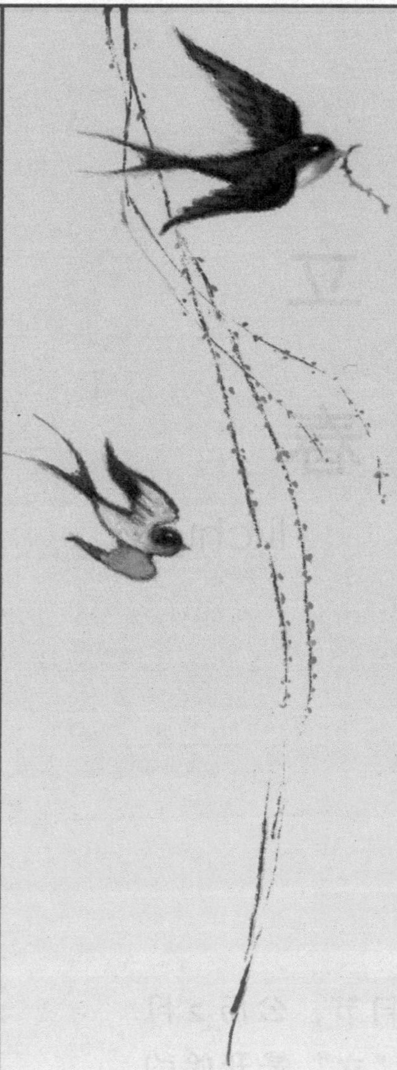

立春

立春了，立春了，
冰消雪化解冻了。
小鸭戏水嘎嘎乐，
细柳迎风阵阵歌。

立春了，立春了，
天气回暖昼长了。
蛰虫苏醒树摇绿，
紫燕飞旋影如梭。

立春了，立春了，
田园春耕开始了。
人欢马叫情含笑，
草长莺飞春韵和。

【立春三候】

东风解冻：

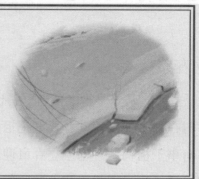

立春之日，和气娴袅的东风轻抚大地，波起轻摇绿，冻痕销水中。东方属木，木为火之母，火气温，由此融去冬的白印，汩汩破开一春新绿。

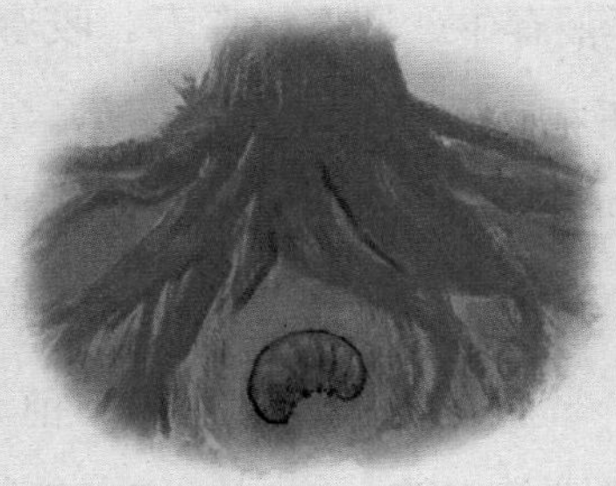

蛰虫始振：

蛰虫，是冬藏之虫，此时被惊醒，躲在洞穴里，窥伺着即将复苏的大地。

鱼陟负冰：

陟是升，鱼因水底暖，感知阳气而上升。此时，有的冰面开始融化，可以看到鱼了，水面上还有一些碎冰块，就感觉鱼游的时候像背着冰块一样。

【立春民俗】

立春祭

立春，是一个古老的节气，也是一个重大的节日，称为立春节、正月节。古时在许多地区，立春要祭祀祖先。据广东《新安县志》记载：“民间以是日有事于祖祠”。现今立春日迎春祭祖虽不如从前隆重，但这天寄托着人们的希望，祈求丰收仍有一些民俗遗存，各地仍会用一些特殊的方式来迎接立春，比如打春、咬春、挂风车、踏青等。

立春祭，是一项传统民俗文化活动，其内容包括祭春神（主管农事的春神句芒亦称芒神）、太岁、土地等众神，还有鞭春牛、迎春、探春、咬春等。立春岁首拜太岁是我国民间一种化煞消灾、祈福纳吉的古老传统习俗。立春这天祭祀句芒神，鞭打土牛，随后民众争着把打碎的土牛放在牲口圈内以图吉利。祭祀完毕，大家把土块归置于牲口圈取畜养畜息地之意。是日喜晴厌雨，歌曰：“但得立春晴一日，农夫不用为耕田。”就是说，人们企盼节前天气晴朗，好在祭祀的同时，组织装扮成古典人物进行表演，这叫“庆丰年”。

抬春色

清朝时，潮汕地区有一种称为抬春色的活动。在立春日的游行队伍中，必有装饰过的台阁上坐歌妓，由两个人抬着走。梅州地区还有高春、矮春的区别：矮春为一人坐台上，高春则用两人。一人立在台上，然后扎着一根直木，隐藏在那个人的长衣中与这人的肩平齐。然后，再横扎一根木棍在直木上端，这根横木隐藏在宽袖中，横木上再站一个人。为保险起见，将两脚牢牢扎在横木上，两个人装扮成某个故事中的人物，另有一个人持缠着布条的长棍子叉支在上面的那个人腋下，随着迎春队伍游行。

迎春会

有些村镇立春日举办“迎春会”，常找个十多岁的少年化妆成一个官老爷，身穿纸官服，头戴纸帽，脚蹬纸靴，骑着牛，前往祭祀坛，带领百姓祈祷保佑风调雨顺，五谷丰登。沿途敲锣打鼓，燃放鞭炮以迎接春天的到来。

春帖子

这是一种“报春”的古老习俗，即由一个人手敲小锣鼓，唱着迎春的赞词，挨家挨户送上一张春牛图。在这红纸印着的春牛图上，印有一年二十四个节气和人牵着牛耕地的图画，人们称之为“春帖子”。这项活动，其意也是在催促、提醒人们，一年之计在于春，要抓紧农时，莫误大好春光。

春祠荐新

也是祭祖的习俗之一。传至后世变为正月初一上午祭祖，有的地方在初一以后几天不扫除屋宅，有的地方在初一不准倒垃圾，即是担心触犯了回家过年受享的祖魂。“天地者，生之本也；先祖者，类之本也。”天地是生命的根本，祖先是人类的根本，祭祖是一种传承孝道的习俗。

试春

在鲁西北，流行一种用鹅毛或者鸡毛“试春”的活动：把一根竹筒埋进地里，在露出地面的筒口上放一根鹅毛或者鸡毛，立春时刻一到，鹅毛或者鸡毛就会飞起来，说明地气萌动，春已来临，当地俗话叫做“春来鹅毛起”。

南方客家人，还有在立春之时立生鸡蛋的习俗，即拿一个生鸡蛋放在平滑的桌面上，只要心诚，时辰一到生鸡蛋便会自然立起来，这就预示着新的

一年会风调雨顺。有的地方，还有在秋分或春分时立生鸡蛋的习俗。

迎春

迎春是立春的重要活动，事先必须做好准备，进行预演，俗称演春。然后，才能在立春那天正式迎春。比如，山东人通常在立春这天，三五成群地去野外迎春，似乎对春天从什么方向来都有了解，说是出了村庄往东走。而且迎接到的“春天”也很有意思：出村后不论远近，只要遇见穿红衣、戴红帽、披红围巾或者提红包袱的人，就算是迎春了。现今立春虽没有从前隆重和讲究，但立春这天寄托着所有人的希望和祝愿。立春后，人们在春暖花开的日子里，喜欢外出游春，俗称出城探春、踏春，这也是春游的主要形式。

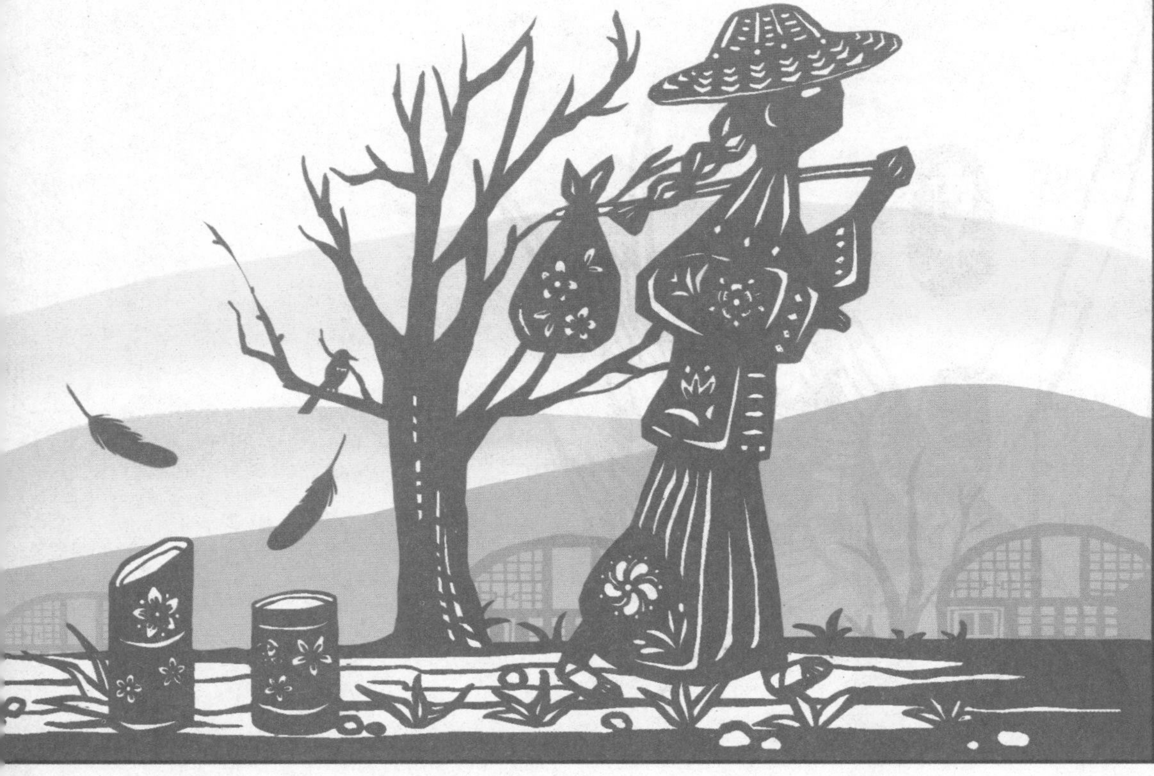

雨水

雨水

yǔ shuǐ

为农历正月节，公历的2月19日或20日。雨水，代表雨季的来临，是冬季降雪改为春季降雨，雨量渐增，越冬作物开始返青，需要雨水。春天是播种的季节，春天的雨水更有贵如油的美称。春雨降落，“润物细无声”，微风轻拂，林间鸟儿起伏和鸣，地上草木欲动，随地中阳气的上腾开始抽出嫩芽。

雨水

冰消散，雨水到，
云气升腾暖风摇。
雨润人间洒甘露，
雁归塞北度春宵。

冰消散，雨水到，
草木萌动人欢笑。
柳媚梢头着翠眼，
莺啼雨后和春潮。

冰消散，雨水到，
青苗返青喜水浇。
一场好雨知时节，
万物生长节节高。

【雨水三候】

獭祭鱼:

獭，水獭，又名水狗。雨水时节，鱼感水暖上游，水獭捕捉到鱼后，往往将捕获的鱼排列在岸边，似乎要先祭拜一番后再享用。

候雁北:

雁，为知时之鸟，热归塞北，寒去江南。此时，大雁自南向北飞。候鸟，是随着天地阴阳之气的变幻而往来，以适应气候。

草木萌动:

雨水最后五日，草木在绵绵的细雨滋润下，迸发出了嫩绿的新芽，雨媚风娇，莺飞草长。

【雨水民俗】

撞拜寄

雨水时节，“撞拜寄”，取“雨露滋润易生长”之意，是为了让儿女顺利、健康地成长。四川西部就有“撞拜寄”的习俗。这天，不管下雨还是天晴，早晨天刚亮，雾蒙蒙的大路边就有一些年轻妇女手牵着幼小的儿子或女儿，在等待第一个从面前经过的行人。而一旦有人经过，也不管是男是女，是老是少，便拦住对方，把儿子或女儿按捺在地磕头、拜寄，给对方做干儿子或干女儿。撞拜寄，即事先没有预定的目标，撞着谁就是谁。如果实在无法将儿女拜寄给谁，那么只好将儿女拜寄给神性的山、石、田、水、树。

“拜寄”这种在中国民间广泛流传的风俗，在北方也称“认干亲”，南方多称“认寄父”“认寄母”“拉干爹”。

接寿

雨水节的一个主要习俗是女婿给岳父岳母送节。送节的礼品则通常是两把藤椅，上面缠着一丈二尺长的红带，这称为“接寿”，意思是祝岳父岳母长命百岁，延年益寿。送节的另外一个珍贵礼品就是“罐罐肉”：用沙锅炖了猪蹄、雪山大豆和海带，再用红纸包裹，红绳封了罐口，给岳父岳母送去。这种方式是对岳父岳母表达感谢和敬意。如果是新婚女婿送节，岳父岳母还要回赠雨伞，让女婿出门奔波，能遮风挡雨，也含有祝愿女婿人生旅途顺利平安之意。

回娘家

雨水时节，回娘家是流行于川西一带的一项风俗。到了这一天，出嫁的女儿纷纷带上礼物回娘家拜望父母。生育了孩子的妇女，须带上罐罐肉、椅子等礼物，以感谢父母的养育之恩。如果是结婚几年都不怀孕的妇女，则由母亲为其缝制一条红裤子，据说这样可使其尽快怀孕生子。

惊蛰

惊蛰

jīng zhé

为农历二月节，公历的3月5日或6日。蛰，指动物冬眠时潜伏在土中或洞穴中不食不动的状态。惊蛰节气，春雷作动，惊醒了冬眠中的动物。大地回春，天气变暖使动物们结束了冬眠。此时，已进入仲春，万物更新，春耕季节重新开始。

惊 蛰

雨水过，是惊蛰，
春雷催醒冬眠物。
虫鸟嘤鸣桃花嫩，
草木萌新黄鹂歌。

雨水过，是惊蛰，
春阳照人更暖和。
紫燕欲归翩翩舞，
鸳鸯戏水双双乐。

雨水过，是惊蛰，
田园耕种好时节。
春色欲润杏花雨，
农家乘兴荡清波。

【惊蛰三候】

桃始华：

惊蛰之日，桃始华。桃之夭夭，灼灼其华，乃闹春之始。惊蛰之后，桃花再也按捺不住，不顾春寒，含苞待放。

仓庚鸣：

仓庚，就是黄鹂，黄鹂最早感春阳之气，嘤其鸣，求其友。仓为青，青为清，庚为更新。“莺歌暖正繁”，黄鹂鸟被视为天气回暖的预告者。仓庚鸣，标志着鸟语花香时节的开始。

鹰化为鸠：

古人称“鸠”为布谷鸟，仲春时，因“喙尚柔，不能捕鸟，瞪目忍饥，如痴而化”。到秋天，鸠再化为鹰。

【惊蛰民俗】

祭白虎

中国的民间传说白虎是凶神之一，每年都会在这天出来觅食，开口噬人。在古老的农业社会里，老虎为患是常有的事，为求平安，人们便在惊蛰那天祭白虎。所谓祭白虎，是指拜祭用纸绘制的白老虎，纸老虎一般为黄色黑斑纹，口角画有一对獠牙。拜祭时，需以肥猪血喂它，使其吃饱后不再张口伤人了。

吃梨

民间素有“惊蛰吃梨”的习俗。惊蛰吃梨源于何时，无迹可寻。惊蛰后气温明显升高，人们容易口干舌燥、外感咳嗽。而梨子性寒味甘，有润肺止咳、滋阴清热的功效。这时吃梨，对身体有滋养作用。

打小人

惊蛰时节，民间有打小人、去晦气的习俗。惊蛰一到，万物萌苏，天地雷动，不仅害虫全部出动，连小人也开始出来活动。惊蛰那天，人们一边用木拖鞋拍打纸公仔，一边口中念念有词，要把引起病痛或纠纷的恶鬼统统赶走，以求新的一年生活过得平安顺畅，没有小人的纠缠和骚扰。

除虫

惊蛰时节，乡间普遍有惊蛰除虫的传统习俗，民谚有：“春杀一虫，胜过夏一千。”选择在虫子刚刚起蛰的时候除之，是非常适时的。有句俗语说得好：“除虫没有巧，只要动手早。”河南南阳农家主妇，次日要在门窗、炕沿处插香薰虫，并剪制鸡形图案悬于房中，以避百虫，保护全家安康。

抖虱子

有些地方会在惊蛰时节，脱掉自己的衣服抖一抖，他们认为这样不仅能抖掉虱子，而且在接下来的一年中病虫也不会来打扰。这种习俗很古老，寄寓了人们的一种美好心愿。

春分

春分

chūn fēn

为农历二月节，公历的3月20日或21日。分，是指将春分为两半；这天昼夜平分，时间相等。其后，阳光直射位置逐渐北移，开始昼长夜短。春分时节，春暖花开，草长莺飞，青梅如豆，千花开放，桃花红，梨花白，蝴蝶翩翩，黄莺鸣叫，紫燕飞来。呈现出一片美丽的春天景象。春分过后，一些农作物开始生长，气温也随之上升。

春分

春分时节春两半，
风和日丽明媚天。
昼夜平分阴阳正，
冷热均衡老少欢。

春分时节春两半，
喜瞅院中飞双燕。
林间飞霞桃花染，
河岸微雨柳絮烟。

春分时节春两半，
咱们玩玩竖鸡蛋。
竖鸡蛋，有学问，
科学道理细钻研。

【春分三候】

玄鸟至:

玄鸟，即燕子，它春分而来，秋分而去。所谓“燕子飞时，绿水人家绕”，燕子从南方归来，在故乡筑巢，带来了生机、好运和祈望，这就是生机勃勃的春天。

雷乃发生:

阴阳相薄为雷，雷为振，为阳气之声。初雷往往是雷声大、雨点小。到了阳春三月，雷雨天气才更具声势。

始电:

春分最后五日，开始见到闪电。雷先行而电始动，春雨随之不再潇潇，常常会看到满地落花。

【春分民俗】

春祭

春分前后，是春社日。古代春社日，官府及民间皆祭社神祈求丰年。随后，人们便在春分这天开始扫墓祭祖，称为春祭。扫墓前要先在祠堂举行隆重的祭祖仪式，杀猪、宰羊，请鼓手吹奏，由礼生念祭文，带引行三献礼。春分扫墓开始时，首先扫祭开基祖和远祖坟墓，全族人都要出动，规模很大，队伍往往达百人以上。开基祖和远祖墓扫完之后，然后分房扫祭各房祖先坟墓，最后各家扫祭家庭私墓。

粘雀子嘴

春分这一天，农民都不出去干农活，家家户户都要在家做汤圆吃。另外，还要用细竹叉将汤圆扦着置于室外田边地坎，名曰“粘雀子嘴”，以此来防止雀子们损坏庄稼。

放风筝

春分时节，是孩子们放风筝的好时候，孩子和大人们都喜欢出门放风筝。温柔的春风里，人们在空地上肆意奔跑，争相比谁的风筝放得更高更远。清朝文人高鼎《村居》曰：“草长莺飞二月天，拂堤杨柳醉春烟。儿童散学归来早，忙趁东风放纸鸢。”这宛如一幅美丽的通俗画：春光明媚，丽日和风，儿童沐浴着春光，呼吸着新鲜空气，奔跑着放飞风筝。

饮春酒

我国浙江、山西一带有在春分日酿酒的风俗习惯。古书中记载：“春分造酒贮于瓮，过三伏糟粕自化，其色赤，味经久不坏，谓之春分酒。”

竖蛋

春分竖蛋，也称春分立蛋，是指在每年春分这一天，各地民间流行的“竖蛋游戏”，这个中国习俗也早已传到国外，成为“世界游戏”。4000年前，中华民族先民就开始以此庆贺春天的来临，“春分到，蛋儿俏”的说法流传至今。春分这一天是时间的平衡，是白天和夜晚的平衡，这也许是人们喜欢立蛋的原因。

清明

清明

qīng míng

为农历三月节，公历的4月4日至6日之间。清是清澈的意思，明是万物成长之意。此时，天朗清透，春光明媚，气温爽身，草木吐翠，万物至此齐整清明。清明是节气又是我国的传统节日，有祭祖、扫墓、踏青的习俗。“问西楼禁烟何处好？绿野晴天道。马穿杨柳嘶，人倚秋千笑，探莺花总教春醉倒。”说明这个节日中，既有祭扫新坟生别死离的悲酸泪，又有踏青游玩的欢笑声，是一个富有特色的节日。

清明

清明至，大家知，
既是时令又节日。
春光媚，气清爽，
抢晴播种抓时机。

清明早，立夏迟，
种瓜种豆正当时。
清明晴，万物成，
紫桐垂阴花满枝。

清明节，雨丝丝，
家家墓地坟头湿。
献供品，燃香火，
怀念先辈寄哀思。

【清明三候】

桐始华：

桐，是指桐花。意为清明来到，桐树花开，清芬怡人。但有诗曰：桐花“年年怨春意，不竞桃杏林”。

田鼠化为鴽：

鴽，鹌鹑之类。此时，喜阴的田鼠都躲回洞穴，喜阳的鴽鸟开始出来活动，田鼠化为鴽，象征自然界阴阳交替。田鼠为至阴之物，鸟为至阳之物。此语意指阴气消退而阳气渐盛。

虹始见：

虹，是阴阳交会之气，日照雨滴而虹生。清明时节多雨，“虹桥始见雨初晴”，日穿雨影，呈现美丽的彩虹。

【清明民俗】

祭祖

扫墓祭祖，是清明节的主要活动。清明之祭主要祭祀祖先，表达祭祀者的孝道和对先人的思念之情，是礼敬祖先、慎终追远的一种传统文化习俗。

清明祭祀在清明前后，各地有所差异，按祭祀场所的不同可分为墓祭、祠堂祭，以墓祭最为普遍。另一种形式是祠堂祭，又称庙祭，庙祭是宗族的共同聚会，有的地方称为“清明会”或“吃清明”。清明节祭祖，按照习俗，一般在清明节上午出发扫墓。扫墓时，人们携带着酒食果品、纸钱等物品供祭在先人墓前，再将纸钱焚化，为坟墓培上新土，或折几枝嫩绿的新枝插在坟上，以示后代子孙已尽孝祭祖。同时，亦寓意祖宗保佑全家平安，兴旺发达。

踏青

踏青为春日郊游，也称“踏春”，一般是指初春时到郊外散步游玩。清明节期间到郊外远足，欣赏大自然的春日景象，这种踏青也叫春游。古代称为探春、寻春。踏青这种节令性的民俗活动一直沿用到今天。

荡秋千

清明是一个春意盎然的时节，人们喜欢这个时节荡秋千。秋千，就是揪着绳子进行晃荡移动。在最早的时候它叫做千秋，后来才被改成秋千。秋千的样子很多，古时候的秋千是用树桠作为架子，再拴上彩带做成的。而现在的秋千已经发展成为了两根绳索加上踏板。荡秋千可以锻炼身体，直到现在人们还特别喜欢这个活动。

插柳

清明节，是杨柳发芽抽绿的时间，民间有折柳、戴柳、插柳的习俗。人们踏青时顺手折下几枝柳条，可拿在手中把玩，也可编成帽子戴在头上，也可带回家插在门楣、屋檐上。据说，插柳的习俗与避免疫病有关。唐人认为，在河边祭祀时，头戴柳枝可以摆脱毒虫的伤害。宋元以后，人们踏青归来，往往在家门口插柳以避免虫疫。这是因为春天气候变暖，各种病菌开始繁殖，人们在医疗条件差的情况下，只能寄希望插柳避免疫病了。

柳枝插在屋檐下，还可以预报天气，古谚云：“柳条青，雨蒙蒙；柳条干，晴了天。”

植树

清明前后，春阳照临，春雨飞洒，种植树苗成活率高，成长快。因此，自古以来，我国就有清明植树的习惯。有人还把清明节叫作“植树节”。植树风俗一直流传至今。

谷雨

谷雨

gǔ yǔ

为农历三月节，公历的4月20日前后。谷雨，源自古人“雨生百谷”之说。谷雨时节，越冬和春播谷物成苗期，气温渐高，谷物生长旺盛，对雨水要求迫切。谷雨节气的到来，雨量充足而及时，谷类作物能够茁壮成长。谷雨，是春季的最后一个节气。此时，“湖光迷翡翠，草色醉蜻蜓”，鸟弄桐花，雨翻浮萍，红紫妆林，杨柳飞絮，正当谷雨弄晴时，弹指春告别。

谷雨

清明过后谷雨到，
雨翻浮萍布谷叫。
湖光山色迷翡翠，
月暗星明醉中宵。

谷雨气温渐渐高，
田间管理很重要。
小麦拔节青苗长，
茶姑采茶喜眉梢。

谷雨养蚕知多少，
银盘玉盒住满了。
桑叶嫩绿阳光照，
采摘几片喂宝宝。

【谷雨三候】

萍始生：

萍，水草也，与水相平故曰“萍”，漂流随风，故又曰“漂”。《历解》曰，萍，阳物，静以承阳也。谷雨后降雨量增多，浮萍开始生长，于是“萍水相逢”的诗意便收藏在春天的尾巴里。

鸣鸠拂其羽：

鸠，即膺所化，就是布谷鸟。此刻的鸟儿不时拂着羽毛，田野里到处回荡着它“家家种谷”的殷切呼唤。响亮清澈的鸣叫声在告诉人们，此时正是播种的时节。

戴胜降于桑：

戴胜，头顶有长毛，又称鸡冠鸟。《尔雅》注曰，头上有胜毛，此时恒在于桑，盖蚕将生之候矣。

【谷雨民俗】

祭祀文祖仓颉

陕西白水县有谷雨祭祀文祖仓颉的习俗，这一项活动自汉代以来流传千年。相传，仓颉创造文字，功盖天地，黄帝为之感动，以“天降谷子雨”作为其造字的酬劳，从此便有了“谷雨”节。此后每年谷雨节，附近村民都要组织过庙会，以示纪念仓颉。

食香椿

谷雨时节，北京人有吃香椿的习俗。谷雨前后正是香椿成熟的时候，香椿醇香爽口，民间流传 “雨前香椿嫩如丝”的说法。香椿营养价值非常高，能够提高机体免疫力，还可以健胃、止泻和杀虫。

饮谷雨茶

谷雨茶，就是在谷雨前采摘的茶，是一种春茶，也叫二春茶。南方人谷雨有饮茶习俗，传说谷雨这天的茶喝了清火、辟邪、明目。所以不管这天是什么天气，人们都会去茶山摘一些新茶回来加工制作。

唐宋时，春季新茶制成后，茶农、茶客们曾经热衷于一种比试新茶优劣进行排名的“斗茶”活动。人们认为，明前茶和谷雨时节采制的雨前茶都是一年之中茶的佳品。中国茶叶学会等部门倡议，将每年农历谷雨这一天作为“全民饮茶日”，并举行各种和茶有关的活动。

赏牡丹

谷雨前后是牡丹花开的重要时段，因此牡丹花也被称为谷雨花、富贵花。“谷雨三朝看牡丹”，谷雨时节赏牡丹已绵延千年。

洗澡消灾避祸

谷雨的河水有灵气，非常珍贵。旧时，西北地区的人们就将谷雨的河水称为“桃花水”，传说用它洗浴，可消灾避祸，平安吉祥。

立夏

立夏

lì xià

为农历四月节，公历的5月5日或6日。立夏是夏季的第一个节气。立夏表示即将告别春天，是夏天的开始。人们习惯上把立夏当作是温度明显升高，炎暑降临，雷雨增多，农作物进入旺季生长的一个重要节气。宋代赵友直在一首《立夏》诗中曰："四时天气促相催，一夜熏风带暑来。陇亩日长蒸翠麦，园林雨过熟黄梅。"可见，立夏之后，在骄阳的照耀下，田野里翠绿的麦穗已开始微微泛黄。一阵新雨过后，园林里诱人的黄梅透出阵阵芳香……初夏的怡人景象，会让人有几多感受。

立夏

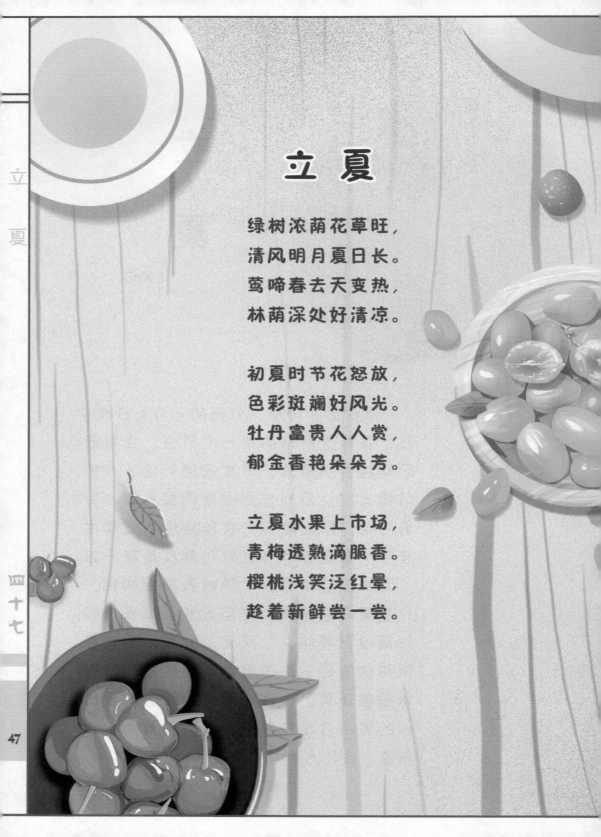

绿树浓荫花草旺，
清风明月夏日长。
莺啼春去天变热，
林荫深处好清凉。

初夏时节花怒放，
色彩斑斓好风光。
牡丹富贵人人赏，
郁金香艳朵朵芳。

立夏水果上市场，
青梅透熟滴脆香。
樱桃浅笑泛红晕，
趁着新鲜尝一尝。

【立夏三候】

蝼蝈鸣:

蝼蝈，蝼蛄也。按东汉郑玄的解释，蝼蝈为蛙类，非蝼蛄。而稻花香里说丰年，听取蛙声一片，这就是夏天的味道。

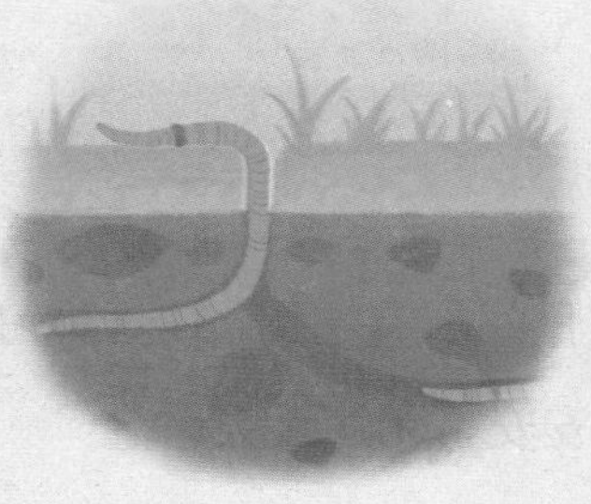

蚯蚓生:

蚯蚓，又名曲蟮，蟮长吟于地下，感阴气而曲，乘阳气而伸。我们能够看到，蚯蚓掘开湿润的泥土，活泼地钻土入地，仿佛是指挥万物复苏的“提调官”。

王瓜生:

王瓜，是华北特产的药用爬藤植物，在立夏时节快速攀爬生长，于六、七月更会结红色的果实。王瓜又名“土瓜”，“瓜似雹子，熟则色赤，鸦喜食之，故称‘老鸦瓜’”，非黄瓜。

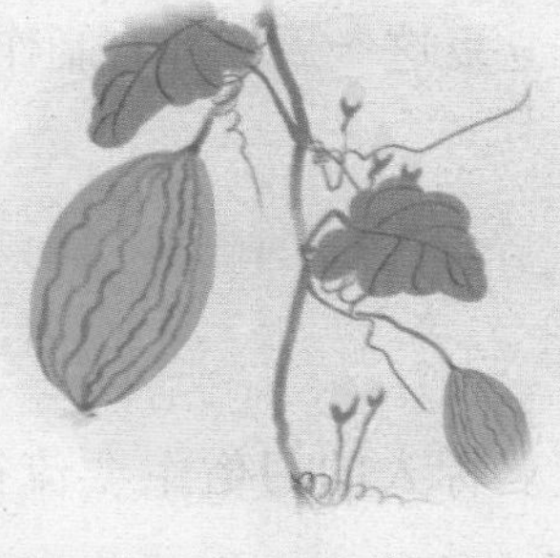

【立夏民俗】

斗蛋

立夏时节，由于此时蛋类食品正是旺季，人们用丝线编成蛋套，装入煮熟的鸡蛋、鸭蛋，挂在小孩子的脖子上。有的还在蛋上绘画图案，小孩子相互比试，称为斗蛋。在斗蛋游戏过程中，必须是蛋头斗蛋头，蛋尾斗蛋尾。只要蛋破了，谁就输了，蛋头胜的为第一，蛋尾胜的为第二。人们认为，立夏这一天孩子脖子上挂鸡蛋，这个夏天孩子就不会腹胀厌食。

喝粥

根据史料记载，我国古时每年“立夏”节气，民间都有吃粥、挂蛋等习俗。民间传说立夏这天喝立夏粥，可保人们一年平平安安、无病无灾，

食面食

我国北方多种植小麦，立夏正是小麦即将成熟时节。因此，北方大部分地区在立夏这一天，都有制作与食用面食的习俗，意在庆祝小麦丰收。

称人

立夏称人的习俗主要流行于江南地区，起源于三国时代。每逢此节，家家用大秤称人，以示为自己祈求好运。相传三国时诸葛亮在刘备死后，

曾将少主刘阿斗，交赵子龙送吴国，请孙夫人抚养。孙夫人精心照管，每年立夏都称一次体重，书告诸葛亮，以表心迹。后人依次，相沿成俗。民间认为，人称后不会“疰夏”。称时秤锤只能向外移，不能向内移，即只能加重，不能减轻。看秤的人会一边看着斤数，一边嘴里说着吉利话。称老人要说“秤花八十七，活到九十一”；称姑娘说“一百零五斤，员外人家找上门，勿肯勿肯偏勿肯，状元公子有缘分”；称小孩则说“秤花一打二十三，小官人长大会出山，七品县官勿犯难，三公九卿也好攀”。古诗中就有着这样的描述：“立夏称人轻重数，秤悬梁上笑喧闺。”

小满

小满

xiǎo mǎn

为农历四月中，公历的5月21日或22日，小满是指麦类等夏熟作物灌浆乳熟，籽粒开始饱满，但尚未成熟，所以叫小满。小满节气，“物至于此，毕尽而起”，万物到此皆枝叶繁茂而宽裕舒展，早春的嫩绿、葱绿变成浓绿。田园美景和时节的美好，会让人有着一种“纷纷红紫已成尘，布谷声中夏令新”的感觉。

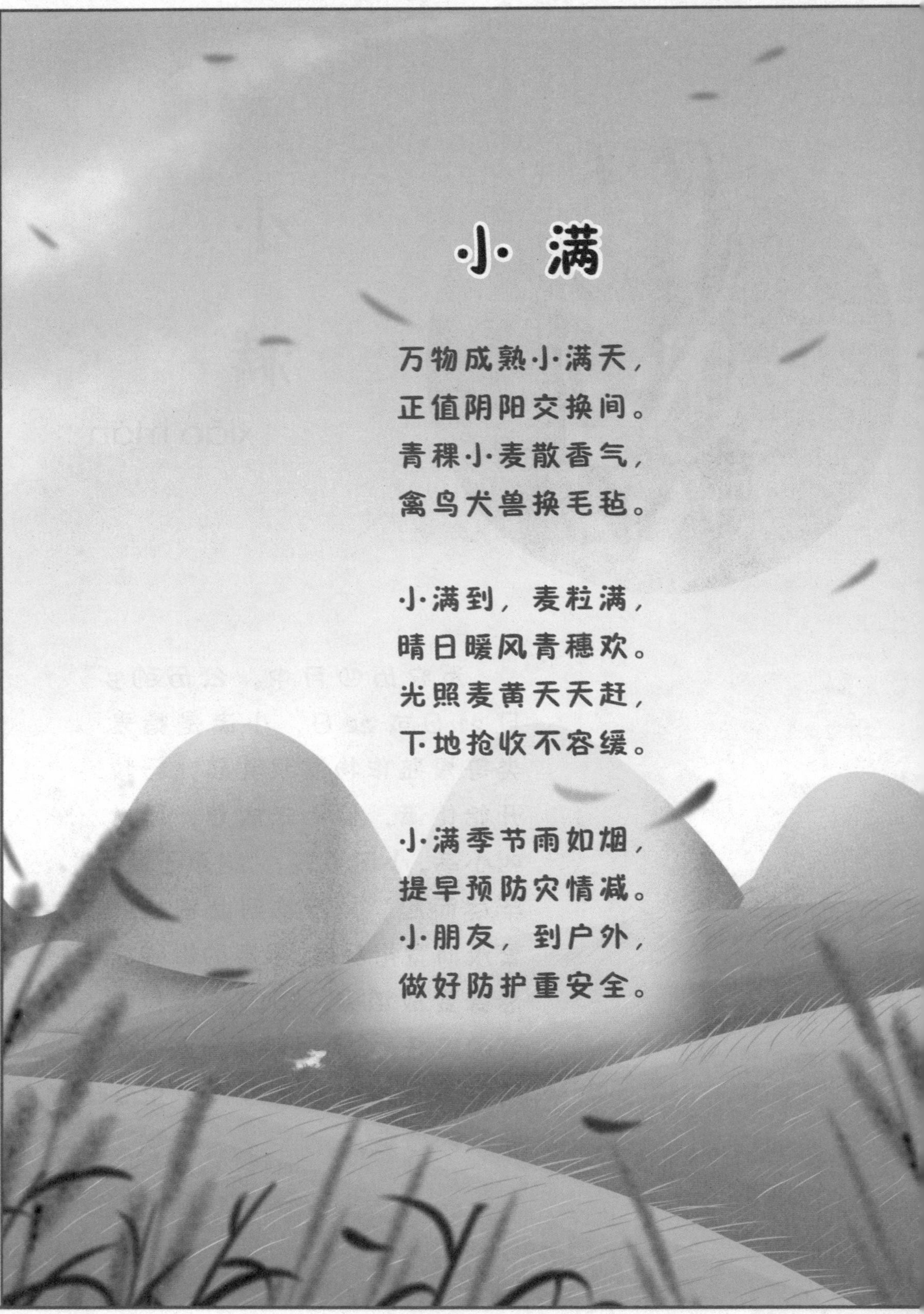

小满

万物成熟小满天，
正值阴阳交换间。
青稞小麦散香气，
禽鸟犬兽换毛毡。

小满到，麦粒满，
晴日暖风青穗欢。
光照麦黄天天赶，
下地抢收不容缓。

小满季节雨如烟，
提早预防灾情减。
小朋友，到户外，
做好防护重安全。

【小满三候】

苦菜秀：

苦菜，多年生菊科，春夏开花，感觉火气而生苦味，嫩时可食。《尔雅》曰：“不荣而实者谓之秀，荣而不实者谓之英，此苦菜宜言英也。”鲍氏曰：“感火之气而苦味成。”

靡草死：

靡草，葶苈之属。《礼记》注曰：“草之枝叶而靡细者。”方氏曰：“凡物感阳而生者，则强而立；感阴而生者，则柔而靡。”根据这些古籍的著述，所谓靡草应该是一种喜阴的植物。小满后五日，靡草到入夏畏于阳气，便枯死了。

麦秋至：

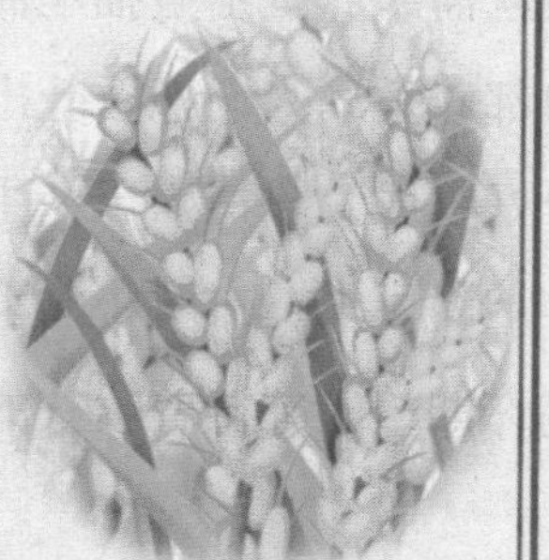

麦秋的秋字，指的是麦子成熟之时。虽然时间还是夏季，却到了成熟的“秋”，所以叫作麦秋至。《月令》：“麦秋至，在四月；小暑至，在五月。小满为四月之中气，故易之。”

【小满民俗】

祭车神

祭车神是一些农村地区古老的习俗，是农民祈求多水的一种说法。过去，水车作为农作物灌溉的主要工具，谚语有“小满动三车”，意思是水车于小满时启动。每年小满这天，海宁一带农户以村为单位举行“抢水”仪式，有演习之意。多由年长执事者约集各户，燃起火把，站在水车前方吃麦糕、麦饼、麦团，待执事者以鼓锣为号，人们以击器相和，踏上事先装好的水车，把河水引灌入田。祭车神是一个古老的习俗，传说“车神”为白龙，农家在车基上置鱼肉、香烛等祭拜，祭品中有白水一杯，祭时泼入田中，有祝愿水源涌旺之意，表明了农民对水利排灌的重视。

祭蚕

古时，人们都认为小满时节是蚕诞生的日子。将这一天命名为“祈蚕节”。蚕丝需靠养蚕结茧抽丝而得，所以我国南方农村养蚕极为兴盛，几乎每家每户都养蚕。人们把蚕吐出来的丝看成是上天的神物。通过祭蚕，祈求蚕蛹有个好收成。《清嘉录》中记载：“小满乍来，蚕妇煮茧，治车缫丝，昼夜操作。”可见，古时小满节气时新丝即将上市，丝市转旺在即，蚕农丝商无不满怀期望，等待着收获的日子快快到来。

夏忙会

这是夏季繁忙前在农村举行的一个集会。夏忙会在很多地方都十分流行，举行夏忙会的主要目的是希望那些忙碌的人们可以在这个会上交流沟通，购买夏收而需要的家什。这个会一般要举行三至五天，非常热闹。在这一天，农民们都会聚集在这里，选购着家什，相互交流农业生产知识，夏季作物长势及良种准备情况。

看麦梢黄

在关中地区，每当到了麦子发黄快要成熟的时候，就像过年一样，出嫁的姑娘都会准时回家，去问候夏收准备工作进展如何，还要问麦子的长势怎样，这样的习俗就是看麦梢黄。在民间还流传出这样一句谚语："麦梢黄，女看娘；卸了杠枷，娘看冤家。"从这句谚语可以看出，在麦收结束之后，母亲还要去看闺女，这个讲究很有意思。

芒种

芒种

máng zhòng

为农历五月节，公历的6月5日或6日。芒，是指麦类等有芒植物的收获；种，是指谷黍类作物播种的节令。字面意思可理解为“有芒的种子快收，有芒的稻子可种”。芒种节气的到来代表着一些农作物已经成熟，深刻反映了这个时节的农业物候现象。芒种时节走进田野，清新可爱的自然情景，让你无限遐想，带来一种无与伦比的美丽。

芒 种

麦芒锋锐漫清香，
稻花新绿青叶长。
蝉鸣螳螂破壳出，
布谷声中芒种忙。

芒种忙，收带种，
龙口夺食粮入仓。
光映泽田好景象，
晚稻播种早插秧。

飞捷如马称螳螂，
两足挡车太自狂。
捕蝉不知黄雀后，
卿卿性命断送亡。

【芒种三候】

螳螂生：

螳螂，草虫也，饮风食露，感一阴之气而生，能捕蝉而食，故又名杀虫；曰天马，言其飞捷如马也；曰斧虫，以前二足如斧也，尚名不一，各随其地而称之。深秋生子于林木闲，一壳百子，至此时则破壳而出，药中桑螵蛸是也。

鵙始鸣：

鵙是指伯劳鸟，是一种小型猛禽。喜阴的伯劳鸟开始在枝头出现，并且感阴而鸣，好像在诉说春之离愁，也似在畅想夏之诗意。

反舌无声：

反舌，即百舌鸟，是一种能够学习其他鸟鸣叫的鸟，随着一年中阳气最旺的端午过去，此时它因感应到了阴气的出现而停止了鸣叫。《易通卦验》亦名为虾蟆无声，若以五月正鸣，殊不知初旬见形后，形亦藏矣。

【芒种民俗】

送花神

芒种已近五月间，百花开始凋残、零落。因此，民间多在芒种日举行祭祀花神仪式，饯送花神归位。同时，表达对花神的感激之情，盼望来年再相会。南朝梁代崔灵思在《三礼义宗》说：“五月芒种为节者，言时可以种有芒之谷，故以芒种为名。芒种节举行祭饯花神之会。”著名小说家曹雪芹在《红楼梦》第七十二回中描写的更为具体：“尚古风俗：凡交芒种节的这日，都要设摆各色礼物，祭饯花神，言芒种一过，便是夏日了，众花皆卸，花神退位，须要饯行。闺中更兴这件风俗，所以大观园中之人，都早起来了。”

安苗

芒种，是和农事紧密相关的节气。安苗，是皖南一带的习俗，始于明初。每到芒种时节，种完水稻，人们为祈求秋天有个好收成，各地都要举行安苗祭祀活动。家家户户用新麦面蒸发包，把面捏成五谷六畜、瓜果蔬菜等形状，然后用蔬菜汁染上颜色，作为祭祀供品，祈求五谷丰登和平安健康。

打泥巴仗

芒种前后,贵州东南部一带的侗族青年男女,每年都要举办“打泥巴仗节”。当天,新婚夫妇由要好的男女青年陪同,集体插秧,边插秧边打闹,互扔泥巴。活动结束,检查战果,身上泥巴最多的,就是最受欢迎的人。

夏至

夏至

xià zhì

为农历五月中，公历的6月21日或22日。夏至，在《恪遵宪度抄本》中这样解释："日北至，日长之至，日影短至，故日夏至。至者，极也。"夏至这天，太阳直射北回归线，是北半球一年中白昼最长，夜晚最短的一天。"夏至到，鹿角解，蝉始鸣，半夏生，木槿荣。"说明这一时节可以开始割鹿角，蝉儿开始鸣叫，半夏、木槿两种植物逐渐繁盛开花。杜宇伤春去，蝴蝶喜风清，蜘蛛添丝补网，布谷起声催耕。夏日炎热，令人烦躁，当你驻足凝视这些光景物态的时候，心已清净如洗。

夏至

夏为大，至为极，
万物繁茂景出奇。
阴气上升逼阳气，
夜短昼长相错移。

夏为大，至为极，
蝉唱乱弹着新意。
枇杷满枝苔满地，
天际月明小星稀。

夏为大，至为极，
仲夏风从西边起。
天空晴朗却湿热，
降温防虫总相依。

【夏至三候】

鹿角解：

鹿是山兽，属阳，角向前；麋，形大，属阴，角向后。古人认为，二者一属阴一属阳。在夏至，可以被看作是世间阴阳两气的分水岭。至此，阳性的植物开始衰败，而阴性的植物则慢慢滋长，鹿角夏至开始脱落。

蜩始鸣：

蜩即夏蝉，俗称“知了”。蝉鼓翼而鸣，居高声自远，树影明灭，忽觉夏长。夏至后因感阴气生，雄性的知了便鼓翼而鸣。它一叫，秋色厉，都该了了。

半夏生：

半夏，是一种喜阴的药草，在白昼骄阳似火，浓荫难求，夜晚虫鸣如织花香四溢的夏至日前后，于湿地中出生而得名。此时节，夏天过半，故将此种颇有代表意义的植物称作“半夏”。

【夏至民俗】

夏至面

俗话说："冬至的饺子，夏至的面。"那么，夏至吃面的讲究源于哪里呢？人们为什么会在这一天纷纷吃面食呢？首先，夏至预示着天气会很热，三伏天就要到来，人们会在这一天选择吃面食，希望三伏天的时候不要太热。其次，夏至时节是丰收的季节，这时候小麦已经成熟，人们可以用新收获的小麦磨面做成面食。

牛喝汤

山东临汾地区，有给牛改善饮食的习俗。伏日煮麦仁汤给牛喝。据说，牛喝了身子壮，能干活，不淌汗。民谣说："春牛鞭，舐牛汉（公牛）；麦仁汤，舐牛饭，舐牛喝了不淌汗，熬到六月再一遍。"

吃荔枝

南方一些地区认为，荔枝是一种吉祥的水果。在夏至日吃荔枝，炎热的夏季不会中暑，皮肤不会被晒坏，可以安稳地度过这个夏季。俗语说："夏至吃荔枝，可以去除湿。"

祭神祀祖

夏至时值麦收，在这一天，人们都有庆祝丰收、祭祀祖先的习俗，以祈求消灾年丰。因此，夏至作为节日，纳入了古代祭神礼典。《周礼·春官》载："以夏日至，致地方物魈。"周代夏至祭神，意为清除荒年、饥饿和死亡。夏至日，农人既感谢天赐丰收，又祈求获得"秋报"。广东阳江地区有开镰节，即开镰前一天晚上，各户要做面饼、茶、备酒，在广场上跳一种祈求风调雨顺、五谷丰登的舞，叫"禾楼舞"。

消夏避伏

夏至日，妇女们会互相赠送折扇、脂粉等什物，以之涂抹，散体热所生浊气，防生痱子。在古代朝廷，夏至之后，皇家则拿出"冬藏夏用"的冰来"消夏避伏"，而且从周代始，历朝沿用，竟而成为当时的一项制度。

小暑

小暑

xiǎo shǔ

为农历六月节，公历的7月7日或8日。暑是炎热的意思。小暑为小热，还不十分热。农谚是这样形容的："小暑温暾大暑热。"《月令七十二候集解》："六月节……暑，热也，就热之中分为大小，月初为小，月中为大，今则热气犹小也。"小暑时节，清和时候雨初晴，密树翠阴成，林梢簇簇红霞满。所以，暑天的清晨最美，雨过后更爽，晚霞、星空更妖娆、更美丽，人们内心闲静，凝望星空，便可获得一种清凉的感受。

小暑

小暑到，湿热蒸，
炎光折地气温升。
借得微风摇羽扇，
中宵自在望星空。

小暑到，虫鸣螽，
蟋蟀居壁萤火明。
鹰击长空雏燕语，
青蛙浮叶乳莺声。

小暑到，心放松，
每天洗澡热水冲。
躲开阳光防中暑，
使用空调室内风。

【小暑三候】

温风至：

这里的“温风”是热风，太阳炙烤着大地，似乎要把自然界万物都晒晕过去。但东汉王粲的《大暑赋》中有“熏润土之溽暑，扇温风而至兴”之句，熏是炙、烤，人如在天地间一个大蒸笼中，蒸出全身污垢；又如舒展在温水之中，此时温风徐来亦如酒，也可兴在其中，一切都因自己的心情。

蟋蟀居壁：

居壁，指蟋蟀生而还在穴中面壁，不能出穴飞。到八月天凉，会聚到院中，令小院鸣声鼎沸，天越凉离人越近。待农历九月不入户就要冻死，十月就在床下鸣了。它名“促织”，为督促女子纺织，“促织鸣，懒妇惊”，是为警示。

鹰始鸷：

再五日“鹰始鸷”，这时鹰已先感知到肃杀之气将至，开始远离地面，翱翔于高空，在清凉的高空中避暑。难怪，在盛夏的傍晚，很容易看到鹰击长空的壮观景象。

【小暑民俗】

食新

小暑时节，各地有“食新”的习俗。即尝食新米，喝新酒。农民会用新米做好饭，供祀五谷大神和祖先，祈求秋后五谷丰登。有的地方是把新收割的小麦炒熟，然后磨成面粉后用水加糖伴着吃。这种吃法，早在汉代就有，唐宋时期更为普遍。唐代医学家苏恭说，炒面可“解烦热，止泄，实大肠”。

尝鲜

小暑时节，农作物都已经收获，一些地方的人们会先品尝收获的食物。在西南地区，每当到了小暑时节，每家每户都会把一些新收获的农作物或者蔬菜做好后摆上贡桌，最重要的是摆上小麦，摆完一些贡品之后，还要在上面贴上“福”字，然后像过年一样放鞭炮、上香，希望在秋收的时候可以五谷丰登。等到一切活动过后，这些贡品就成了美味佳肴。

吃暑羊

是鲁南和苏北地区小暑时节的传统习俗。入暑之后，正值三夏刚过、秋收未到的夏闲时候，忙活半年的庄稼人便三五户一群、七八家一伙吃起暑羊来。而此时喝着山泉水长大的小山羊，吃了数月的青草，已是肉质肥嫩、香气扑鼻。人们通过这种方式来犒劳自己的辛苦耕耘。当地，还流传着这样一个民谣：“六月六接姑娘，新麦饼羊肉汤。”民间还有“彭城伏羊一碗汤，不用神医开药方”之说法。这种习俗可追溯到尧舜时期。

洗晒节

民谚说：“六月六，晒红绿。”在六月初六这天，民间有晒书画、衣物的习俗。据说此日晾晒后，可以避免被虫蛀。老北京称六月六洗晒节，洗浴、晒物、晒经。

赏荷花

农历六月二十四日，是荷花的生日。在明清时期，每逢此日画船箫鼓，人们纷纷集合于苏州葑门外三里许的荷花荡给荷花上寿。现在，济南大明湖仍举办此活动，人们披红戴绿，扶老携幼来到湖畔，点亮荷灯，放入湖中庆祝荷花的生日。

大暑

大暑

dàshǔ

为农历六月节，公历的7月23日或24日。有句谚语说："小暑不算热，大暑正伏天。"大暑处于中伏时间之中，是一年中气温最高、最热的时期，也是农作物生长最快的时候。这个时节气候炎热，气温非常高，正是茉莉、荷花盛开的季节。生机勃勃的盛夏，正孕育着丰收。大暑炎热，漫漫长夜，人们该如何度过？"何以销烦暑，端居一院中。眼前无长物，窗下有清风。热散由心静，凉生为室空。此时身自得，难更与人同。"诗人白居易认为，端坐院中，清风徐徐，能静心生凉。暑中的午后盼风雨欲来，傍晚听轻雷断雨，亦别有一种盛夏中的清凉诗意。

大暑

小暑蒸，大暑煮，
暑最热时是大暑。
骄阳似火萤耀夜，
大雨时行凉意疏。

小暑蒸，大暑煮，
绿垂残叶青苗枯。
伏中石头三分瘦，
忍待秋风一热除。

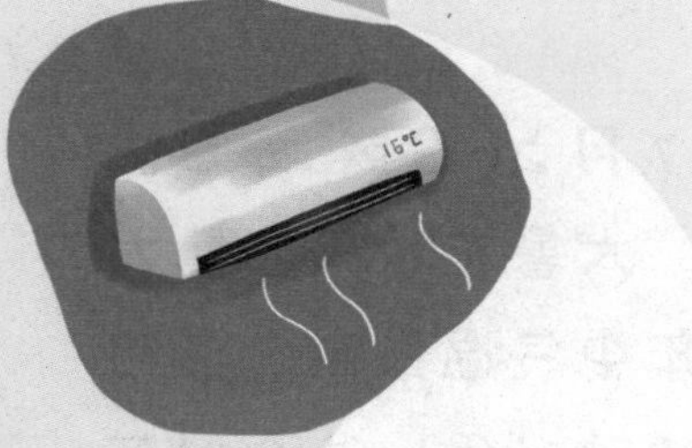

小暑蒸，大暑煮，
祛暑解热有食俗。
荔枝滋补西瓜甜，
绿豆南瓜汤可舒。

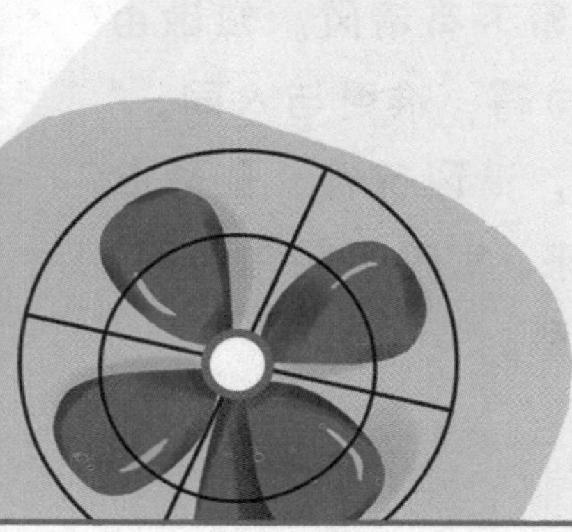

【大暑三候】

腐草为萤：

“萤是从腐草和烂竹根而化生。”腐草为萤，说的是萤火虫产卵的事。萤火虫多在夏季水边的草根上产卵，幼虫入土化蛹，次年春天变成虫。大暑时，萤火虫卵化而出，在夜空飞舞着，就像满天繁星。

土润溽暑：

土润溽暑，即土壤浸润，空气湿热，降雨多，土壤、空气湿度大，温度高，是农作物疯长的时刻。

大雨时行：

又五日，大雨时行。因湿气积聚而招致大雨滂沱，而大雨时行以退暑，天气也逐渐开始向立秋过渡。

【大暑民俗】

送大暑船

大暑时节，浙江台州沿海有送“大暑船”活动。大暑船，是按照旧时的船缩小后建造的，在暑船中装上各种各样的祭品。活动那天，渔民轮流抬着大暑船在街道上行进，鼓号喧天，鞭炮齐鸣，街道两旁站满祈福的人群。大暑船最终被运送至码头，人们举行一系列祈福仪式。随后，这艘大暑船被渔船拉出渔港，在海边点燃，随水而去，以此祝愿五谷丰登，人们生活祥和。

吃荔枝

大暑那天，福建莆田人有吃荔枝的习俗，叫做“过大暑”。邑人宋比玉的《荔枝食谱》中这样记载：“采摘荔枝要含露采摘，并浸在冷泉中，食时最好盛在白色的瓷盆上，红白相映，更能衬出荔枝色彩的娇艳；晚间，浴罢，新月照人，是吃荔枝的最好时间。”有人认为，大暑时节吃荔枝，其营养价值与人参相等。

吃凉粉

大暑时节，吃凉粉是一个习俗。凉粉是一种祛暑食品，清热解毒，既可以热着吃，还可以凉拌吃，不过在这样一个酷暑的季节里大部分人都会选择后者。

斗蟋蟀

亦称“秋兴”“斗促织”“斗蛐蛐”。用蟋蟀相斗取乐的娱乐活动，此风俗流行于全国很多地方。旧时城镇、集市，多有斗蟋蟀的赌场，今已被废除，但民间仍保留此项娱乐活动。

斗蟋蟀始于唐代，盛行于宋代。清代时，活动很有讲究，选蟋蟀要求无“四病”（仰头、卷须、练牙、踢腿）外观颜色也有尊卑之分，“白不如黑，黑不如赤、赤不如黄”。

在两千五百年前经孔子删定的《诗经》中，就有《蟋蟀》之篇。如今，斗蟋蟀已不是少数人的赌博手段，它已和钓鱼、养鸟、种花一样，成为广大人民彼此交往、陶冶性情的文化生活，或可称之为具有东方特色的“蟋蟀文化”呢。

立秋

立秋

lì qiū

为农历七月节，每年公历的8月8日或9日。“秋”字由禾与火字组成，是禾谷成熟的意思。立秋之后，天气由热转凉，再由凉转寒，预示着秋天就要来了。“秋高气爽”是人们对秋季最常用的描述。到了立秋，梧桐树开始落叶。因此，也就有了“落叶知秋”的成语。“青苹昨夜秋风起。无限个、露莲相倚。”一枕新凉，给人一种清新的感觉。真是秋明空旷，秋爽媚人，秋怀横生。

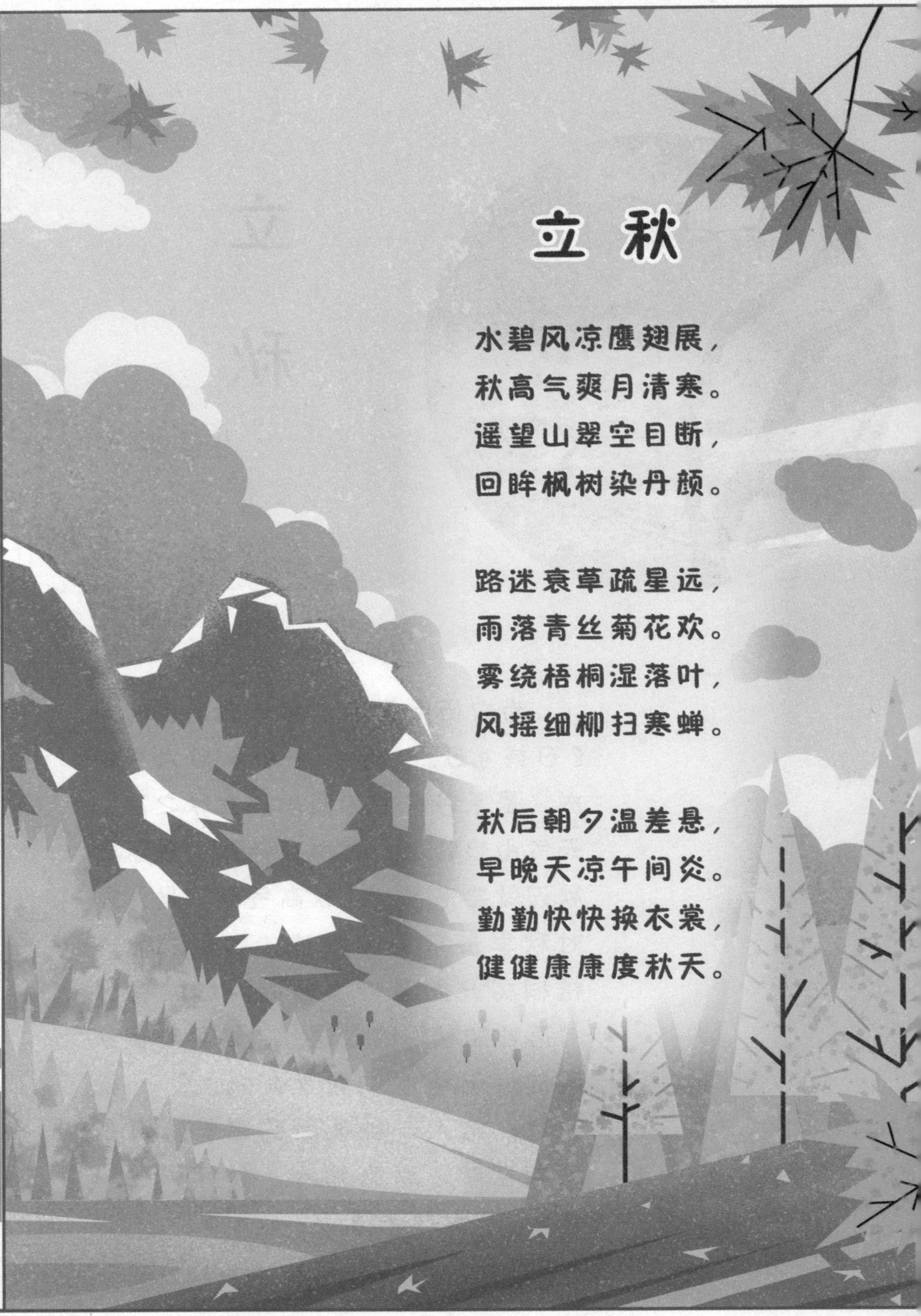

立秋

水碧风凉鹰翅展，
秋高气爽月清寒。
遥望山翠空目断，
回眸枫树染丹颜。

路迷衰草疏星远，
雨落青丝菊花欢。
雾绕梧桐湿落叶，
风摇细柳扫寒蝉。

秋后朝夕温差悬，
早晚天凉午间炎。
勤勤快快换衣裳，
健健康康度秋天。

【立秋三候】

凉风至：

凉风，是西风肃清之风，天高气爽，月明风清，西风肃清了炎热，悄悄带走了暑气，令人感到凉爽。

白露降：

“大雨之后，清凉风来，而天气下降茫茫而白者，尚未凝珠，故曰白露降，示秋金之白色也。”由于白天日照仍很强烈，而夜晚的凉风刮来形成一定的昼夜温差，早晨产生的雾气，在大地和植物上凝结成一颗颗晶莹的露珠。

寒蝉鸣：

“秋天感阴而鸣的寒蝉也开始鸣叫”。秋天，随着天气进一步转凉，感阴而鸣的寒蝉也开始鸣叫，仿佛在告诉人们，夏天即将过去。

【立秋民俗】

戴楸叶

立秋是要庆祝的节日，《东京梦华录》中记载：“立秋日，满街卖楸叶，妇女儿童叟，皆剪成花样戴之。”意思是说，立秋那天满街都有卖楸叶的，妇女儿童把它们买来，剪成花样戴在头上。戴楸叶的习俗至今在胶东、鲁南一些地区仍有保留。

晒秋

立秋时节，晒秋是一种典型的农俗现象。湖南、江西、安徽等地方的山区村民，由于居住的地方地势复杂，村庄平地极少，只好利用房前屋后及自家窗台、屋顶架晒或挂晒农作物，久而久之就演变成一种传统农俗现象。这种村民晾晒农作物的特殊生活方式和场景，逐步成了画家、摄影家创作时的素材，并取了一个富有诗意的名字，叫“晒秋”。

秋忙会

立秋时节，我国各地的农村都要举行一次较大的集市，称为“秋忙会”。秋忙会一般在农历七八月份举行，是为了迎接秋忙而准备的集市活动。一般与当地的庙会活动结合起来举办，也有单一为了秋忙而举办的。其目的是为了交流生产工具，买卖牲口，交换粮食以及生活用品等。其规模和夏忙会一样，设有骡马市、粮食市、农具生产市、布匹、京广杂货市等。现今把这类集市，都叫做“经济贸易交流大会”。会上还有戏剧演出、跑马、耍猴等民间文艺助兴。

啃秋

在有些地方也称为“咬秋”。天津一些地方讲究在立秋这天吃西瓜或香瓜，称“咬秋”，寓意炎炎夏日酷热难熬，时逢立秋，将其咬住。江苏等地也在立秋这天吃西瓜以“咬秋”，据说可以不生秋痱子。在浙江等地，立秋日取西瓜和烧酒同食，民间认为可以防疟疾。啃秋抒发的，实际上是一种丰收的喜悦。

躺秋

在有些地方也叫做“卧秋”或者“睡秋”。例如在江淮一些地方，人们在立秋这一天，会选择一个阴凉的地方躺一躺，表示夏天即将过去，天气慢慢转凉，可以好好安睡了。另外，也寓意着夏天繁忙辛苦的生产已经过去，可以稍微松口气歇一歇了。还有一种说法就是夏天多会“夏瘦”，秋天到来，多躺一躺，有利于把夏天瘦掉的肉再长回来。

处暑

处暑

chǔ shǔ

为农历七月节，公历的8月23日或24日。处暑，即为“出暑”，炎热离开的意思。说明秋天真的来了，凉爽的天气到了。处暑寒来，暑气消退。“天阶夜色凉如水，卧看牵牛织女星。”雨晴气爽，清风习习，伫立江楼望眼处，静静享受大自然的灵动变化，我们深深感觉着世界的奇妙虚幻和浅秋的魅力无限。

处暑

处暑处暑暑气休，
时令节气入中秋。
阴气弥漫风萧瑟，
五谷丰登满仓收。

秋光清浅鸟鸣愁，
树影斑驳曲径幽。
月明星稀凉如水，
花草伤残叶怅惆。

处暑气爽人乏秋，
学习休息细统筹。
早睡早起多运动，
精神饱满有劲头。

【处暑三候】

鹰乃祭鸟：

鹰，自此日起感知秋之肃气，开始大量捕猎鸟类，并且先陈列如祭而后食，古人称之“义举”。鹰是猛禽，此季捕食，也是为了“贴秋膘”，为秋冬准备。

天地始肃：

此时，接着天地间万物开始凋零，充满了肃杀之气。古时有“秋决”的说法，即是为了顺应天地的肃杀之气而行刑。《吕氏春秋》：“天地始肃不可以赢。”即是告诫人们，秋天是不骄盈要收敛的季节。

禾乃登：

禾乃登的“禾”指的是黍、稷、稻、粱类农作物的总称，“登”即成熟的意思，就是开始秋收。黍稷稻粱，纷纷成熟，五谷丰登，美不胜收。

【处暑民俗】

看彩云

处暑之后，秋意渐浓，正是人们畅游郊野迎秋赏景的好时节。处暑时节，暑气减退，就连天上的那些云彩也显得疏散而自如，而不像夏天大暑之时浓云成块。民间向来就有“七月八月看巧云”之说，其间就有“出游迎秋”之意。

放河灯

河灯也叫“荷花灯”，是处暑时节的一个习俗。一般是在花灯底座上放灯盏或蜡烛，中元夜里放入江河湖海之中，任其漂泛。北京人把处暑和七月十五中元节连在一起，在什刹海放河灯，曰：“荷花灯，莲花灯，今天点了明天扔。”据说，放河灯是为了普渡水中的落水鬼和其他孤魂野鬼，想让他们安息。

开渔节

从字面意思上看，这是渔民的节日。在一些临海地区，处暑期间正是渔业大丰收的时候，渔民会专门举行开渔节来庆祝这一天。日期选在东海休渔结束的那一天，大家兴高彩烈地欢送渔民开船出海。

选鸭子

因为鸭肉味甘性寒，许多人都很喜欢，所以流传至今。处暑吃鸭子是一个老讲究。鸭子的做法也非常多，有烤鸭、荷叶鸭、白切鸭、柠檬鸭等。

白露

白露

bái lù

为农历八月节，公历的9月7日前后。露是由于温度降低，水汽在地面或近地物体上凝结而成的水珠。由于天气已凉，空气中的水汽凝结成白色的露珠，所以叫“白露”。进入白露时节，晚上会感到一丝丝的凉意。“蒹葭苍苍，白露为霜。所谓伊人，在水一方。”《诗经》的经典展现一幅河上秋色图：深秋清晨，秋水淼淼，芦苇苍苍，露水盈盈，晶莹似霜。

白露

清露凝雪秋水长，
淡云微雨菊花香。
鸿雁南飞红花落，
百鸟备冬忙储粮。

白露到，天凉爽，
柔条绿叶日夜黄。
寒蝉凄切骤雨歇，
晚稻扬花孕穗芳。

白露到，丰收望，
田间一片好景象。
高粱润红谷灌浆，
棉花吐白映秋光。

【白露三候】

鸿雁来：

鸿雁飘飘，向南跋涉，高邈的云霄，再一次迎来生命的舞蹈。鸿为大，雁为小，白露时节，鸿雁开始列队，准备集体南迁。

玄鸟归：

玄鸟，就是燕子。玄鸟空巢语，飞花入户香。燕去鸿归，荷衰草枯，秋风萧瑟，白露满山叶飞坠。

群鸟养羞：

这个“羞”同“馐”，是美食的意思。水深潋潋，蒲苇冥冥，鸟儿为抵御寒冬，开始囤积食物。诸鸟感知肃杀之气，纷纷储食备冬，如藏珍馔。

【白露民俗】

喝白露茶

说到白露，爱喝茶的老南京人都十分青睐“白露茶”，此时的茶树经过夏季的酷热，白露前后正是它生长的极好时期。白露茶既不像春茶那样鲜嫩，不经泡；也不像夏茶那样干涩味苦，而是有一种独特甘醇清香味。古时候，南京人十分重视节气的“来”和“去”，逐渐形成了具有南京地方特色的节气习俗。如今，白露时节饮茶，不仅成为一种习俗，也渐渐形成了一种饮茶文化。

收清露

白露时节，民间有“收清露”的习俗。明朝李时珍的《本草纲目》记载：“秋露繁时，以盘收取，煎如饴，令人延年不饥。”“百草头上秋露，未晞时收取，愈百病，止消渴，令人身轻不饥，肌肉悦泽。”“百花上露，令人好颜色”。因此，收清露成为白露最特别的一种“仪式”。

祭禹王

白露时节，是太湖人祭禹王的日子。禹王是传说中治水英雄大禹，太湖畔渔民称为“水路之神”“水路菩萨”。祭祀活动每年四期，分别在正月初八、清明、七月初七和白露时节，其中又以清明、白露两祭规模为最大，历时一周。

祭禹王的香会，寄托了人们对美好生活的祈盼和向往。

吃龙眼

福建福州地区有个传统习俗叫“白露必吃龙眼”。民间的意思是，在白露这一天吃龙眼，有大补身体的奇效。因为，龙眼本身就有益气补脾、养血安神、润肤美容等多种功效，还可以治疗贫血、失眠、神经衰弱等多种疾病。

祭扫坟墓

在福建一带，白露时节有扫墓的习俗。传说，这一天是祭祀禹王的日子。禹王是治水的大英雄，人们会亲切地称他为菩萨，选择白露这一天为他举行一个盛会，规模与清明祭祀差不多，每年举行一次，通过这种活动来感谢禹王为人类做出的贡献。

秋分

秋分

qiū fēn

为农历八月节，公历的9月22日或23日。分是平分，是秋季90天的中分点。秋分后，昼夜时间等长，并由日长夜短逐渐变成日短夜长，气候由热转凉。秋分时节的天气变得更加凉爽。此时，秋水蹉跎逐渐凝滞，凉蟾光满，桂子飘香远。时逢中秋，花好月圆。亲人们会聚月下，其乐融融，尽情享受一年中最富有诗意的时节。

秋分

秋分到来秋期半，
昼夜平分后转换。
风清露冷蟾光满，
天高云淡桂香远。

秋云逶迤霞烂漫，
秋雨缠绵鸟鸣残。
雷始收声天籁杳，
蛰虫坯户备冬眠。

秋分到，月如盘，
佳节千里共婵娟。
嫦娥玉兔弄清影，
千家万户聚团圆。

【秋分三候】

雷始收声：

秋分之日雷始收声。雷二月阳中发声，阳光开始明媚。八月阴中入地收声，阳光随之衰微。前半秋，秋云逶迤，秋霞烂漫；后半秋，阴风四起，秋雨缠绵，秋虫残鸣，红叶伤心。

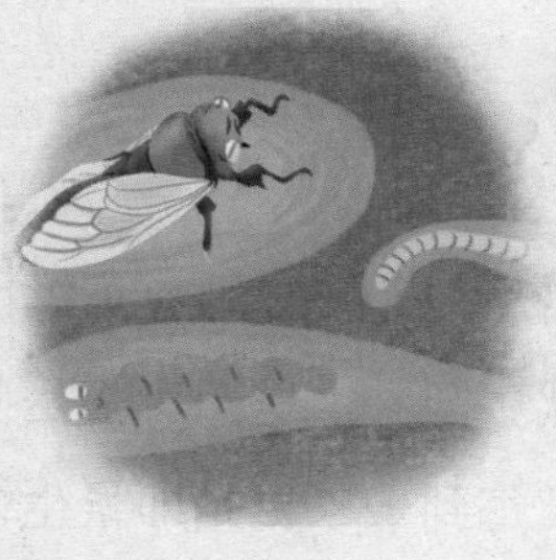

蛰虫坯户：

后五日，蛰虫坯户。忽忽远枝空，寒虫欲坯户。“坯”在这里是“培”的意思，虫类受到寒气驱逐，入地封塞巢穴，提前告别残秋，准备冬眠。

水始涸：

“水本气之所为”。春夏气至，故长。秋冬气返，故涸也。此时，降雨量开始减少，“水始涸”，涸是干竭。受水气的影响，春夏水长，到秋冬就会干涸。

【秋分民俗】

吃秋菜

秋分时节，在岭南地区，昔日四邑有个不成节的习俗，叫做“秋分吃秋菜”。“秋菜”是一种野苋菜，乡下人称之为“秋碧蒿”。逢秋分那天，全村人都去采摘秋菜。在田野中搜寻时，多见是嫩绿的，一棵一棵，约有巴掌那样长短。采回的秋菜一般与鱼片“滚汤”，名曰“秋汤”。有顺口溜道：“秋汤灌脏，洗涤肝肠。阖家老少，平安健康。”一年到秋，人们祈求的还是家宅安宁，身壮力健。

送秋牛

秋分时节，人们会挨家挨户去送秋牛图。其图是把二开红纸或黄纸印上全年农历节气，还要印上农夫耕田图样，名曰“秋牛图”。送图者都是些民间善言唱者，主要说些秋耕和吉祥不违农时的话，每到一家更是即景生情，见啥说啥，这种形式俗称“说秋”，说秋人便叫“秋官”。

玩花灯

南方地区秋分玩花灯是一项民俗文化。花灯的种类多，样式丰富。在秋分那天，每家做一个漂亮花灯，等到夜色降临时把花灯挂到杆子上面，整个村子到处是彩灯高挂。在广西南宁流行着一种柚子灯：先把柚子掏空，然后在上面画漂亮的图案，穿上绳子，在里面点上一支小蜡烛就完成了。虽然朴素，但制作简易，很受欢迎，有些孩子还把柚子灯漂到河水中做游戏。另外，南方还有简单的户秋灯，是以六个竹篾圆圈扎成灯，外糊白纱纸，内插蜡烛即成，挂于祭月桌旁，以示祭月。

秋祭月

秋分这天，曾是传统的“祭月节”。民间有“春祭日，秋祭月”之说。现在的中秋节则是由传统的祭月节而来。据考证，最初祭月节是定在“秋分”这天，由于在农历八月里的日子每年不同，不一定都有圆月，而祭月无月则是大煞风景的。所以，后来就将“祭月节”由“秋分”调至农历八月十五日。祭月时，由于月宫中的嫦娥是位女子，因此有了“惟供月时，男子多不叩拜”，即民谚所说的“男不拜月”的传统。

秋分时节，月球距地球最近，月亮最亮，所以从古至今都有饮宴赏月的习俗。《东京梦华录》中有这样一段记载：“中秋夜，贵家结饰台榭，民间争占酒楼玩月。”

寒露

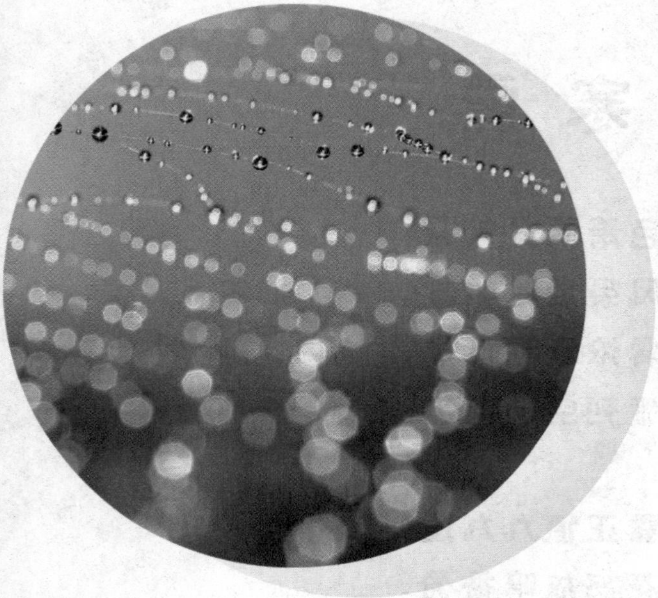

寒露

hán lù

为农历九月节，公历的10月8日或9日。“寒”表示露水更浓，天气由凉转寒之意。寒露时节气温再度下降，地面的露水，将凝结成霜了。自此，秋意重，寒色浓，归鸿将急于南飞，哀鸿遍野，秋残如血，满山红叶遍，院庭金菊放黄华，暗香盈袖，对酒当歌，人聚重阳宴，露荷凋绿扇，烟水澄如练。此时此景，表明秋天月寒露冷的时节来到了。

寒露

秋色萧萧露气凝，
凉风袅袅叶飘零。
薄雾浓云秋意重，
鸿雁列空向南行。

寒露正值九九逢，
菊花怒放暗香盈。
重阳登高好寓意，
老祈高寿少盼升。

寒露时节天变冷，
保暖衣服加一层。
预防感冒最重要，
出行避开寒露风。

【寒露三候】

鸿雁来宾：

鸿雁，白露节气已开始南飞。雁以仲秋先至者为主，季秋后至者为宾。古人称后至者为“宾”。

雀入大水为蛤：

雀，小鸟也，其类不一，此为黄雀。大水，海也。《国语》：“雀入大海为蛤。盖寒风严肃，多入于海，变之为蛤，此飞物化为潜物也。”蛤，蚌属，此小者也。古人对感知寒风严肃的一种说法。

菊有黄华：

华是花，草木皆因阳气开花，独有菊花因阴气而开花，故言有桃桐之华皆不言色，而独菊言者，其色正应季秋土旺之时。《礼记》中有“季秋之月，菊有黄华”的记载。这时候，菊花已经普遍开放。

【寒露民俗】

登高

寒露时节，恰逢九九重阳之际。众所周知，重阳节登高的习俗由来已久。由于重阳节在寒露节气前后，寒露节气宜人的气候又十分适合登山，重阳节登高也就渐渐的成了寒露时节的习俗。

关于重阳节登高的习俗，还流传着一个有趣的传说：据说，东汉时汝南一带瘟魔为害，疫病流行。有一个叫桓景的人，感于百姓的疾苦，想要救黎民于水火。于是拜道长费长房为师，学消灾救人的法术。一天，费长房告诉桓景说，九月初九日，瘟魔又要害人，并嘱咐桓景回去搭救乡亲：“九日离家登高，把茱萸装入红布袋，扎在胳膊上，喝菊花酒，即能战胜瘟魔。”

桓景回家，告诉了乡亲们。九月九日那天，汝河汹涌澎湃，瘟魔来犯，但因菊花酒刺鼻，茱萸香刺心，难以接近。桓景挥剑斩瘟魔于山下。傍晚，人们返回家园，见家中“鸡犬牛羊，一时暴死”，而人们因出门登高而免受灾殃。自此，重阳登高避灾，流传至今。久而久之，登高就变成了一个美好、风雅的习俗。在秋高气爽的寒露时节，登山也成了人们运动健身、感受自然的传统活动。

寒露时节的重阳节是农历九月九日，民间又称“双阳节”。到了唐朝，中原地区“九九登高”“遍插茱萸”已沿袭成俗了。

吃重阳糕

重阳糕是重阳节的代表性食品。因为“糕”与“高”同音，古人相信“百事皆高”的说法，所以在重阳节登高时吃糕，预示步步高升。此俗流行于全国大部分地区，因在重阳节食用而得名“重阳糕”。

放纸鹞

是广东省惠州地区的主要节日习俗。纸鹞，就是现在的风筝。春秋时期风筝开始出现，最开始的样子是与鸟类比较相似。由于那个时候没有纸，风筝一般都是用竹木制成。到了汉代时风筝就是用牛皮制的了。东汉蔡伦造纸术出现以后，纸制的风筝才出现。这时候，“纸鸢”和“鹞子”的称呼也相继出现。唐代以后风筝开始盛行，宋代以后在老百姓中普及。从此以后，风筝的形状变得多种多样，如鹊、鸢、鹞等。明清以后，风筝制作就成为了一种精湛的手工艺术。

饮菊花酒

所谓菊花酒，就是用菊花作为原料酿制而成的酒。古代，菊花酒被看作是一种重阳必饮的酒，喝了它可以祛灾祈福，它还是一种“吉祥酒”。早在汉魏时期，酿制菊花酒就已经盛行。《西京杂记》：“菊花舒时，并采茎叶，杂黍为酿之，至来年九月九日始熟，就饮焉，故谓之菊花酒。”慢慢地，饮菊花酒就成了民间的一种风俗习惯，尤其是在寒露时节更要饮菊花酒。《荆楚岁时记》记载：“九月九日，佩茱萸，食莲耳，饮菊花酒，令长寿。”

重阳节秋高气爽，菊花盛开。这时候人们就会聚在一起同饮菊花酒，共赏黄花。

霜降

霜降

shuāng jiàng

为农历九月节，公历10月23日或24日。降，含有天气渐冷，初霜出现的意思。霜不是天上降下来的，而是露水遇到寒气凝结而成的。霜降，是反映天气变化的节气，是秋季的最后一个节气，也意味着冬天的开始。自此，白昼秋云散漫远，霜月萧萧霜飞来。霜降后之残秋，玛瑙霜天尽，芳条结寒翠，圆实变丹珠，枫叶染红晕。“远上寒山石径斜，白云深处有人家。停车坐爱枫林晚，霜叶红于二月花。”读着杜牧的《山行》，你不感觉霜降秋残中，也充满了生命的纯美和活力吗！

霜降

白昼秋云散漫远，
夜晚湿气凝霜寒。
萧萧风起冷霜降，
木叶旋飞到冬天。

霜重柿红枝烂漫，
满树灯笼挂天边。
雨冷风飒新清浅，
叶红花黄秋景宽。

霜降来临温实降，
穿好棉衣过冬天。
室外花卉怕霜冻，
夜晚放置暖房间。

【霜降三候】

豺乃祭兽：

豺狼，俗名豺狗。豺乃祭兽这个词最早出现在《逸周书》“霜降之日，豺乃祭兽”。意思是说，此节气中豺狼开始捕获猎物，并以先猎之物祭兽，以兽而祭天报本也，方铺而祭秋金之义。

草木黄落：

深秋将逝，木叶飘零，飒飒风干。秋尽百草枯，霜落蝶飞舞。秋天，西风漫卷，催落了叶，吹枯了草。冬天即将来临。

蛰虫咸俯：

“咸”是皆，“俯”是低头。虫鸟休眠闭藏，准备下一个无霜期。此时的大自然，是一种寂静的美。

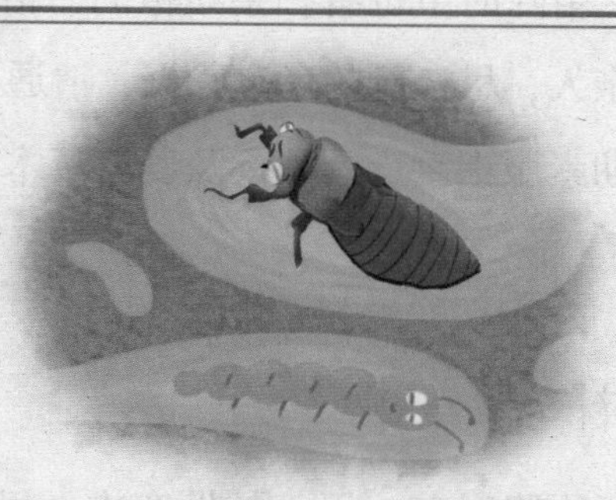

【霜降民俗】

赏菊

霜降期间，是菊花盛开的时候，民间有“霜打菊花开”之说。所以赏菊花，也就成为了霜降这一节令的雅事。南朝梁代吴均的《续齐谐记》记载：“霜降之时，唯此草盛茂。”因此，菊被古人视为“候时之草”，成为生命力的象征。霜降时节，我国很多地方还要举行菊花会，赏菊饮酒，以示对菊花的喜爱之情。

扫墓祭祖

霜降时节也有扫墓祭祖的习俗。自古以来，人们用这种方式来怀念自己的亲人，尽自己的孝道。据《清通礼》中说：“岁寒食及霜降节，拜扫圹茔，届期素服诣墓，具酒撰及菱剪草木之器；周服封树，剪除荆草，故称扫墓。”

进补

霜降时节，天气越发寒冷，民间食俗也非常有特色。人们认为先“补重阳”后“补霜降”，而且“秋补”比“冬补”更要紧。民间有人用“补冬不如补霜降”的话来形容。因此，霜降时节，民间有“煲羊肉”“煲羊头”“迎霜兔肉”的习俗。

吃柿子

霜降时节前后，是柿子成熟的时候。吃柿子，是南方很多地方的一种习俗。人们认为，霜降吃柿子，不但冬天可以御寒保暖，同时还能补筋骨，是非常不错的食品。泉州老人对于霜降吃柿子的说法是：霜降吃个柿，不会流鼻涕。有些地方对于这个习俗的解释是：霜降这天要吃柿子，不然整个冬天嘴唇都会裂开。

祭旗神

霜降时节，有祭旗神的习俗。祭旗神中有一项不可缺少的骑术表演，即在这一天，骑兵会在马背上进行各种各样惊险的骑术表演。这个活动一直延续到清朝。《真州竹枝词引》中是这样说的：“霜降节祀旗纛神，游府率其属，枯盔贯铠，刀矛雪亮，旗帜鲜明。往来于道，谓之‘迎霜降’。尝见由南城墙上，而东而北下至教场，军容甚肃。”

立冬

立冬

lì dōng

为农历十月节，公历的11月7日或8日。“立，建始也。”表示冬季自此开始。“冬，终也，万物收藏也。”意思是说秋季作物全部收晒完毕，收藏入库，动物也已藏起来准备冬眠。立冬标志着冬天的开始。秋去冬来，苍茫萧索，细雨带着寒意，黄叶落尽，荷花残消，霜风尽吹，让人有了寒冽冷清的感觉。“园林尽扫西风去，唯有黄花不负秋。”此时，正值初冬，百花尽谢，唯有菊花能凌风霜而不凋，为自然界平添了盎然的生机。

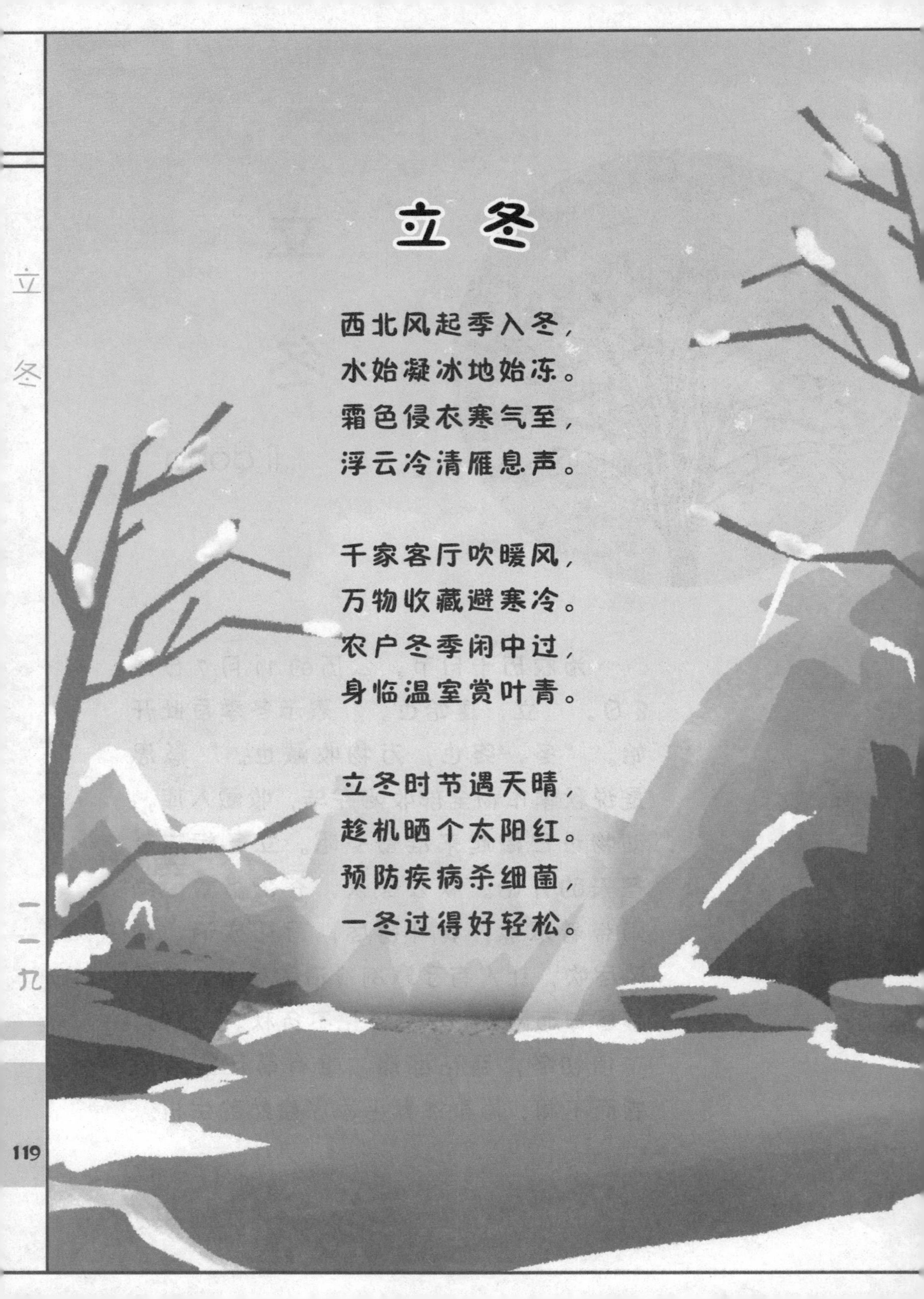

立冬

西北风起季入冬，
水始凝冰地始冻。
霜色侵衣寒气至，
浮云冷清雁息声。

千家客厅吹暖风，
万物收藏避寒冷。
农户冬季闲中过，
身临温室赏叶青。

立冬时节遇天晴，
趁机晒个太阳红。
预防疾病杀细菌，
一冬过得好轻松。

【立冬三候】

水始冰：

《月令七十二候集解》：“水始冰。水面初凝，未至于坚也。”水面开始冻结，但未成坚冰。冬寒水结，是为伏阴。孟冬始冰，仲冬冰壮，季冬冰盛。

地始冻：

冰壮曰“冻”，地冻为凝结。“霭霭野浮阳，晖晖水披冻。”《月令七十二候集解》：“土气凝寒，未至于坼。”立冬之后五日，土地凝结寒气，但未至龟裂。

雉入大水为蜃：

“雉入大水为蜃”，与“雀入大水为蛤”对应。雉是野鸡，蜃是大蛤，古人认为此节气一到，野鸡就跳入水中化作大蛤，而这海市蜃楼便是大蛤吐气而成，万物趋于休止。

【立冬民俗】

熬草根汤

立冬，闽中俗称“交冬”，意为秋冬之交。立冬“补冬”，家家户户要熬制草根汤，将山白芷根、盐肤木根、山苍子根、地稔根等剁成片，下锅熬煮出浓浓的草根汤后，捞去根块，再加入鸡、鸭、兔肉或猪蹄、猪肚等熬制。据说，草根汤有补肾、健胃、强腰膝的功能。

食蔗

立冬时节，福建的潮汕地区，有一种习俗就是吃甘蔗、炒香饭。甘蔗能成为“补冬”的食物之一，是因为民间素来有“立冬食蔗齿不痛”的说法，意思是“立冬”的甘蔗已经成熟，吃了不上火。人们认为，这个时候“食蔗”，既可以保护牙齿，还可以起到滋补的功效。

冬酿黄酒

立冬之日开酿黄酒，是绍兴传统的酿酒风俗。冬季水体清冽、气温低，可有效抑制杂菌繁育，又能使酒在低温长时间发酵过程中形成良好的风味，是酿酒发酵最适合的季节。因此，绍兴当地把从立冬到第二年立春做黄酒称为“冬酿”，祈求福祉。

吃饺子　涮羊肉

俗话说：“冬天进补，春天打虎。”看来，“补”是冬季食俗一大特点。立冬时节，在北方，尤其是北京、天津的人们立冬讲究吃饺子。饺子来源于“交子之时”，立冬是秋冬之交，所以交子之时的饺子不能不吃。在天津河东“老天津卫”聚居地，人们吃倭瓜馅的饺子。有的地方立冬还有吃南瓜或软枣的风俗。

老北京人，有在立冬吃涮羊肉的习俗。涮锅讲究铜锅炭火，汤底澄清，只需加入姜片、葱段等。炭火烧得锅里清汤滚热，拿着筷子夹着红白相间、薄而不散的羊肉片，在汤里这么一涮，肉色一白就放在冷的麻酱料里那么一蘸，入口即化，酱香肉香合二为一。

冬泳

在哈尔滨，立冬之日，黑龙江省冬泳协会的健儿横渡松花江，以此迎接冬天的到来。另外，河南商丘、江西宜春、湖北武汉等地立冬之日，冬泳爱好者们也都用冬泳这种方式度过这一天。

小雪

小雪

xiǎo xuě

为农历十月节，公历 11 月 22 日或 23 日。小雪时节气温再度降低，其间寒潮和冷空气一般活动比较频繁，但不一定下雪。只是丝丝寒意，将霰为雪，雨凝先为霰，霰成微粒，霰为霏，飞扬弥漫为小雪。此时，天空中的阳气上升，地中的阴气下降，形成万物失去生机，天地闭塞而转入严寒的冬天。长空降瑞，清寒凛冽，寂寥冷落，渐渐瑶花初下，银装素裹，让人们感受到了一个不一样的冬天。

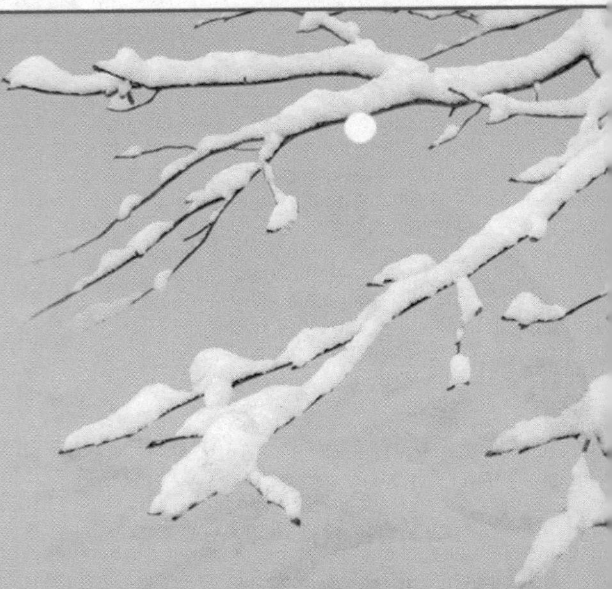

小雪

小雪时节霰雪临，
阴盛阳伏虹藏深。
天气上升地气降，
各正其位不相闻。

寒野凋伤银杏林，
彤云收尽气萧森。
别有万物素装裹，
其知大地孕新生。

祛燥幽寂静心神，
避寒藏暖度冬阴。
早睡晚起伸足卧，
自由自在运动身。

【小雪三候】

虹藏不见：

阴阳交才有虹，季春阳胜阴，故虹见；孟冬阴胜阳，故藏而不见。《礼记注》：“阴阳气交而为虹，此时阴阳极乎辨，故虹伏。虹非有质而曰藏，亦言其气之下伏耳。”

天气上升：

天气，即阳气。古人认为，到了小雪节气后，天气开始上升，地气开始下降。而“天气上升”是说天空中的阳气上升，地中的阴气下降，阴阳不交，万物失去了生机。

闭塞而成冬：

冬为藏，冬为终。阳气下藏地中，阴气闭固而成冬。天地变而各正其位，不交则不通，不通则闭塞，而时之所以为冬也。

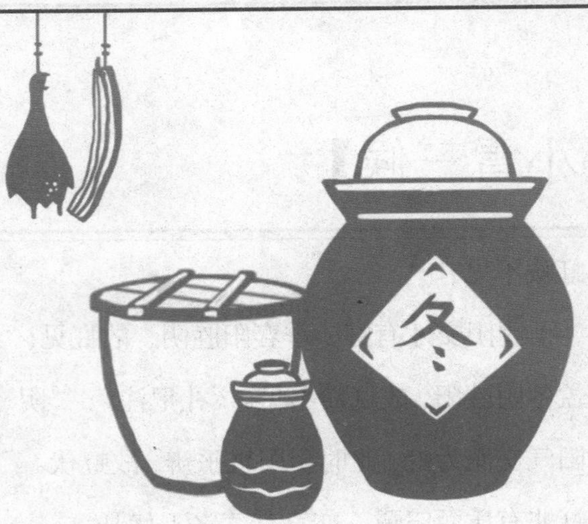

【小雪民俗】

腌腊肉、风干鸡

每到小雪节气，人们会把腌制的肉挂在房檐下风干。有的人家会将鸡宰杀后清洗干净，挂在屋檐下成为味道独特的风干鸡。

吃糍粑

在南方一些地方，有小雪时节吃糍粑的习俗。吃糍粑一要热，二要玩，三要斗（比较），才过瘾，才能体味到农家乐趣。古时，糍粑是南方地区传统的节日祭品，最早是农民用来祭牛神的供品。有俗语“十月朝，糍粑禄禄烧”，就是指的祭祀事件。如今在一些地方依然流传着这种习俗，但是已经成为人们在小雪时节的一个饮食习俗。

晒鱼干

小雪时节，我国台湾中南部海边的渔民们会开始晒鱼干、储存干粮。乌鱼群会在小雪前后来到台湾海峡，另外还有旗鱼、沙鱼等。台湾俗谚曰：

"十月豆，肥到不见头"，是指在嘉义县布袋一带，到了农历十月可以捕到"豆仔鱼"。

建醮

在我国台湾地区，小雪时节会举行大的祭祀活动，祈求平安，人们会通过大的酬神活动来保佑自己，这就是建醮。邀请上方诸神建醮，道士行仪演法，净化不好的地方，场面非常热闹。

腌菜

小雪时节，许多地方的人们就会购买几十斤蔬菜腌制。南京有谚语："小雪腌菜，大雪腌肉。"小雪之后，家家户户开始腌制、风干各种蔬菜。这些蔬菜包括白菜、萝卜，以及鸡鸭鱼肉等，延长蔬菜肉类的存放时间，以备过冬食用。

大雪

大雪

dà xuě

为农历十一月节，公历的12月7日左右。大雪，是相对小雪节气而言，意味着降雪的可能性比小雪更大，天气会变得更加寒冷。此时，狂风呼啸，漫天雪花飞舞，雪往往下得大，范围也广，故名大雪。这个季节里，多是暮色低垂，千里烟波，冰天雪地，千树万树梨花开。“千山鸟飞绝，万径人踪灭。”小风催，巧萦回。“夜深知雪重，时闻折竹声。”雪代表着宁静、无声胜有声和清新淡雅。大雪的季节，会真切地呈现出一个万籁俱寂、银装素裹的清宁世界。

大雪

大雪时节白羽飘，
蹁跹飞舞风劲啸。
落地盈尺银光耀，
冰清玉洁压树梢。

大雪时节白羽飘，
银装素裹景妖娆。
瑞雪昭示来年好，
飞花轻柔落琼瑶。

大雪时节白羽飘，
人们滑行撑雪橇。
堆个雪人脸蛋俏，
打起雪仗喜眉梢。

【大雪三候】

鹖鴠不鸣：

大雪之日，鹖鴠不鸣。鹖鴠是寒号虫，求旦之鸟。大雪时，天气寒冷，飞禽无踪，走兽无影，此阳鸟感阴至极而不鸣，“夜之漫漫，鹖鴠不鸣”。鹖鴠亦称鹖旦，即寒号鸟，此节气到来，寒号鸟也不再鸣叫了。

虎始交：

后五日，虎始交。由于此时是阴气最盛时期，正所谓盛极而衰，阳气开始有所萌动。此时，老虎已经感知到微阳，开始有求偶行为。

荔挺出：

荔挺，一种兰草，似蒲而小，也感受到阳气的萌动而抽出新芽，在此时独独长出地面。

【大雪民俗】

腌腊肉

“小雪腌菜，大雪腌肉”，大雪节气一到，家家户户忙着腌制“咸货”。将盐加花椒入锅炒熟，然后盛出，凉却后涂抹在肉上，直到肉色由鲜转暗，表面有液体渗出时，再把肉和剩下的盐放进缸内，用石头压住，放在阴凉背光的地方，半月后取出，挂在朝阳的屋檐下晾晒干，以迎接新年的到来。

包头农村的风俗习惯更有特色，每到小雪、大雪节气，村民们便开始杀猪宰羊，准备年货。无论哪家宰畜，邻居、亲朋好友都要过来帮忙。杀了猪，主人要用腌酸菜、卤土豆、宽粉条、沙土豆做一锅烩菜，再配上米饭、小菜，略备薄酒，招待邻居亲朋。寓意团结、和睦、万事兴旺。

纺织

大雪时节白天变短，夜晚会变得漫长。夜晚到来时，人们会纷纷进人自家的小作坊，手工纺织，做刺绣，一直做到深夜。夜晚纺织，逐渐成为了南方地区的一个习俗。

藏冰

古代，大雪时节一些有钱人家会储存冰块。那时候人们为了保证藏冰质量，每年会维修和保养冰库。冬季储藏冰，等到天气暖和的时候开始用，夏季用完冰块。秋天将冰窟清扫干净，冬季继续储冰。

喝红薯粥

大雪以后气温逐渐变冷，人们开始注意保暖。鲁北民间有“碌碡顶了门，光喝红黏粥”的说法，意思是天冷了人们不再出去串门，窝在家里喝着热乎乎的红薯粥驱寒过冬。

冬至

冬至

dōng zhì

为农历十一月节，公历的12月21日至23日。冬至的“至”是极致的意思，冬藏之气至此而极。冬至不仅是节气，也是我国的传统节日。冬至时节天气寒冷，这个时节的气温会降到冰点之下，到了数九寒冬的时节。这天，阳光几乎直射南回归线，是北半球一年中白昼最短的一天。冬至不仅昼最短、夜最长，它还是藏之终，生之始。幽静多怀之夜，白羽终于倦飞，早起雪影拂窗，清气浮浮，冰清玉洁，梅花冲寒欲放。“天时人事日相催，冬至阳生春又来。”冬天里孕育着春天的景象。

冬至

冬夜最长昼最短，
阴冷极致天彻寒。
阳气萌动初微弱，
蚯蚓疏地粗鸣咽。

冬至时节九九连，
四九更比三九寒。
直到七九八九暖，
九九出门迎春天。

人说冬至大如年，
举家欢乐笑开颜。
为了不让耳朵冻，
吃顿饺子保平安。

【冬至三候】

蚯蚓结:

蚯蚓，是阴曲阳伸的生物，蚯蚓感阴气蜷曲，感阳气舒展，六阴寒极时，纠如绳结。此时，阳气虽已生长，但阴气仍然十分强盛。

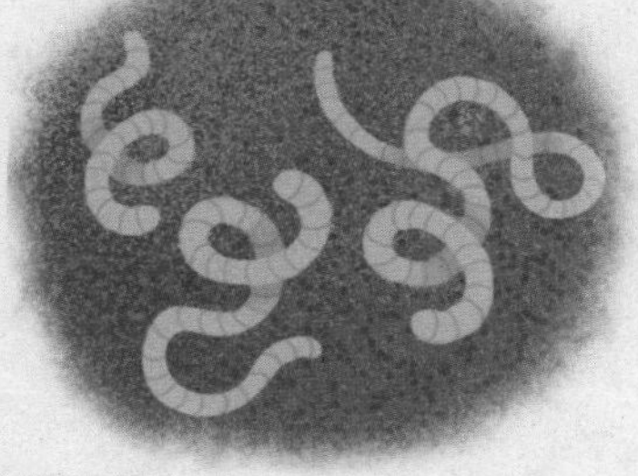

麋角解:

麋与鹿同科，却阴阳不同。鹿属阳，山兽，感阴气而在夏至解角。麋属阴，泽兽，感阳气而在冬至解角。

水泉动:

水乃天一之阳所生，阳气初生，山里面的泉水开始流动了。

【冬至民俗】

冬至节

古人对冬至十分重视,汉蔡邕《独断》中说:“冬至阳气起,君道长,故贺。”认为冬至是乱而复活之机,所以应该庆贺。从汉代以来,都举行庆贺仪式,到宋代达到顶峰。“冬至大如年”的由来,原是因为“冬至曾是年”。陕西有谚语云:“冬至大如年,先生不放(假)不给钱。冬至大似年,东家不放(工)不肯歇。”就是说,冬至像过年一样重要,学生、长工都该享受假期。冬至大如年,南方也一样。《吴中岁时杂记》记载:“冬至大如年,郡人最重冬至节。”冬至前一天,亲朋好友互相赠送食物,称“冬至盘”。这天晚上,人们设宴饮“节酒”,过冬至夜。

冬至大如年的另一个表现就是要祭祖。河北《深泽县志》记载:“冬至,祀先,拜尊长,如元旦仪。”意思是说,冬至时祭祀祖先、拜谒尊长,要像过元旦一样举行隆重的仪式。南方泉州的习俗,更是让冬至出门在外者,都尽可能回乡过节谒祖;在安徽桐城,冬至节上祖坟烧纸钱祭祖,并在这天修坟整墓,以寄托哀思和孝心。

吃馄饨

过去老北京有“冬至馄饨夏至面”的说法。相传汉朝时，北方匈奴经常骚扰边疆，百姓不得安宁。当时，匈奴部落中有浑氏和屯氏两个首领，十分凶残。百姓对其恨之入骨，于是用肉馅包成角儿以示食其肉，故取“浑”与“屯”之音，称作“馄饨”。因最初制成馄饨是在冬至这一天，所以在冬至这天家家户户吃馄饨。

吃汤圆

吃汤圆在明、清时期已经约定俗成。在冬至这天，要“做粉圆”或“粉糯米为丸”。这些在史料上也有正式的记载，称“冬至，粉糯米为丸，名‘汤圆’”。做好汤圆后要祀神、祭祖，而后全家吃汤圆，叫作“添岁”。吃汤圆是冬至的传统习俗，在江南尤为盛行。汤圆是冬至必备的食品，是一种用糯米粉制成的圆形甜品，“圆”意味着“团圆”“圆满”，冬至吃汤圆又叫“冬至团”。民间流传着“吃了汤圆大一岁”之说。因此，冬至吃汤圆，象征着家庭和谐、吉祥。

吃饺子

冬至吃饺子，是一个古老的食俗。俗语说：“冬至饺子夏至的面。”在中国的北方地区，每年农历冬至这天，不论家境贫富，饺子是必不可少的节日饭。谚语云：“十月一，冬至到，家家户户吃水饺。”这种习俗的由来，是因为纪念“医圣”张仲景冬至舍药留下的。

张仲景是东汉人，曾任长沙太守，后毅然辞官回乡，访病施药，大堂行医，为乡邻治病。据说张仲景返乡之时，正值冬季。他看到白河两岸乡亲面黄肌瘦，饥寒交迫，不少人的耳朵都冻烂了。便让其弟子在南阳东关搭起医棚，支起大锅，在冬至那天舍“娇耳”医治冻疮。人们吃了“娇耳”，喝了“祛寒汤”，浑身暖和，两耳发热，冻伤的耳朵也治好了。自此，百姓为了不忘“医圣”张仲景“祛寒娇耳汤”之恩，各家各户便在冬至这天学做娇耳，以表怀念。娇耳也叫“饺子”或“扁食”。南阳至今仍有“冬至不端饺子碗，冻掉耳朵没人管”的民谣流传。

红豆糯米饭

在冬至这一天，江南水乡的人们会在晚上全家团聚一起吃红豆糯米饭。相传，共工氏有一个作恶的坏孩子，他整日无所事事作恶多端，在冬至这一天去世了，死后还没有改掉生前的坏毛病，结果变成了厉鬼继续残害百姓，但他有个弱点就是害怕红豆。所以，人们就在冬至这一天煮吃红豆饭，以驱避厉鬼，保佑自己平安健康。

吃火锅

冬至时节天气寒冷，人们在这一天吃火锅。这种冬至时节吃火锅的习俗，早在清代就已经开始流行。冬至这一天，贵族子弟、文人雅士、宫里的官员，都会去有名的大饭店吃火锅，通过吃火锅来抵挡寒气。

小寒

小寒

xiǎo hán

为农历十二月节，公历的1月5日至7日左右。寒即寒冷，小寒表示寒冷的程度。此时，气温非常低，俗语说："三九四九冰上走。"三九、四九恰在小寒节气内。小寒，标志着冬天开始进入寒冷的日子，此时还未寒至极。到了小寒节气，旧岁近暮，春残腊相催逼。雪花乱梅，点红盈首。雪、梅成了报春的使者，冬去春来的象征。寒至极，春天还会远吗？

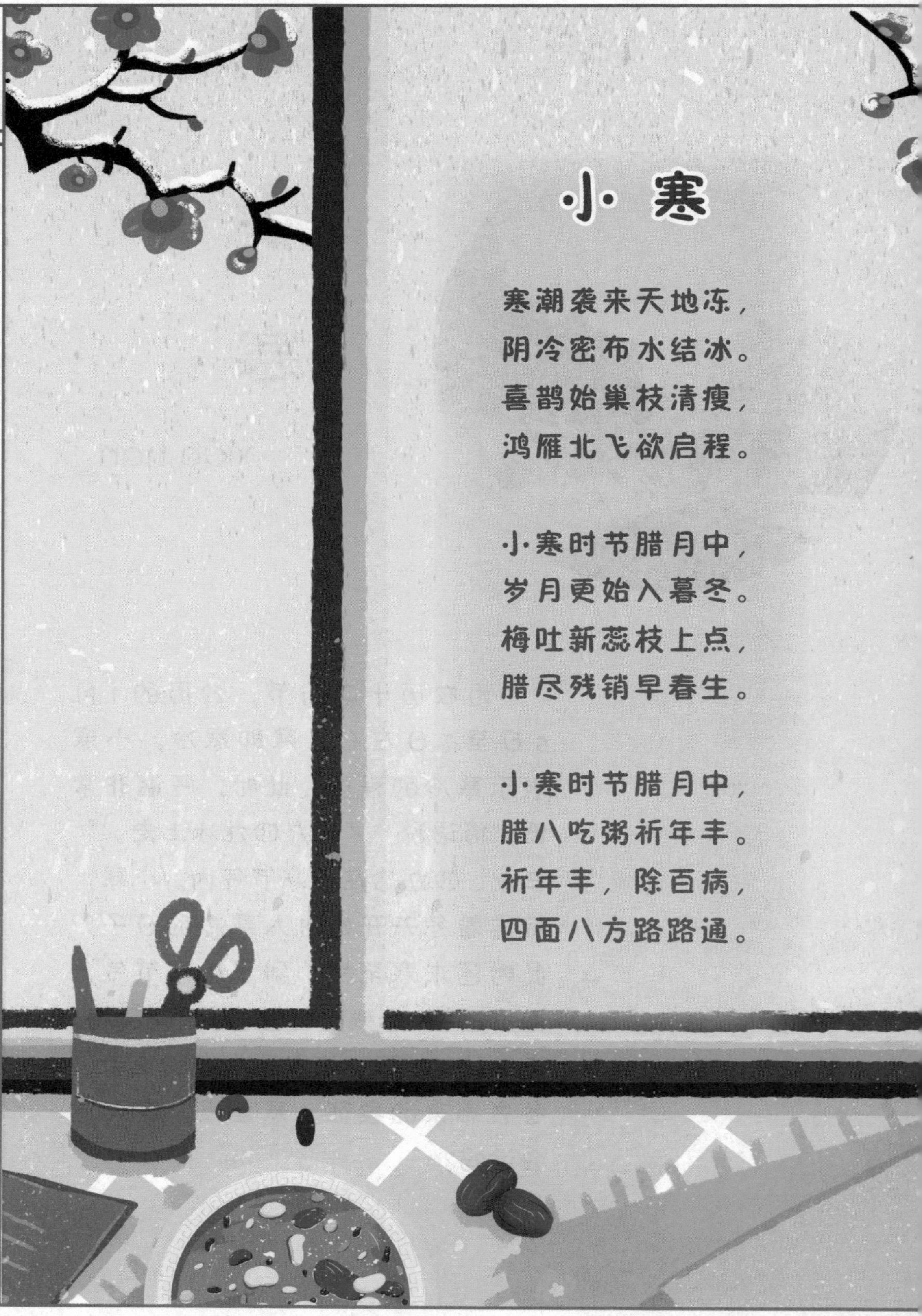

小寒

寒潮袭来天地冻，
阴冷密布水结冰。
喜鹊始巢枝清瘦，
鸿雁北飞欲启程。

小寒时节腊月中，
岁月更始入暮冬。
梅吐新蕊枝上点，
腊尽残销早春生。

小寒时节腊月中，
腊八吃粥祈年丰。
祈年丰，除百病，
四面八方路路通。

【小寒三候】

雁北乡：

乡，是趋向。此时，阳气已动，所以大雁开始向北迁移。“雁北乡”的乡其实读“xiàng”，通“向”，向导之义。

鹊始巢：

禽鸟本身具有最早得知气候变化的本领。喜鹊噪枝，已经开始筑巢，准备繁殖后代了。

雉鸲：

雉，是野鸡，也是阳鸟，而“雊”是“鸣叫”的意思。雊，是求偶声。早春已近，早醒雉鸠开始求偶，早春已经临近。

【小寒民俗】

腊祭

小寒，是腊月的节气，由于古人在十二月举行合祀众神的“腊祭”，因此把腊祭所在的月叫腊月。腊祭为我国古代祭祀习俗之一，远在先秦时期就已形成。腊祭含意有三，一是表示不忘记自己及其家族的本源，表达对祖先的崇敬与怀念；二是祭百神，感谢他们一年来为农业所做出的贡献；三是人们终岁劳苦，此时农事已息，借此游乐一番。自周代以后，腊祭之俗历代沿习，从天子、诸侯到平民百姓，人人都不例外。

冰戏

我国北方各省，入冬之后天寒地冻，冰期十分长久，一般从当年十一月起，一直到次年四月。春冬之间，河面结冰厚实，冰上行走皆用爬犁。爬犁或由马拉，或由狗牵，或由乘坐的人手持木杆如撑船般划动，推动前行。冰面特厚的地区，大多设有冰床，供行人玩耍，也有穿冰鞋在冰面竞走的，古代称为冰戏。《宋史》有：“故事斋宿，幸后苑，作冰戏。”《钦定日下旧闻考》：“西华门之西为西苑，榜曰西苑门，入门为太液池，冬月则陈冰嬉，习劳行赏。”《倚晴阁杂抄》中关于北平旧时风俗有：“明时，积水潭尝有好事者，联十余床，携都篮酒具，铺截锐其上，轰饮冰凌中，亦足乐也。”更有趣的是在一些地方，腊八节的前一天，人们会在盆中倒一些水结成冰。第二天把这些冰都砸碎了吃，认为吃了这些冰在接下来的一年之中不会闹肚子。

探梅

小寒时节，是腊梅开放的时候。这一天，有些地方会举办腊梅节，青年男女走出家门欣赏腊梅，他们对唱情歌，表达对梅花的喜爱之情。更有诗人们咏赞梅花。这些诗词或写梅品质，或咏梅风姿，或绘梅神韵，或歌梅抒怀，大都立意新颖，借傲霜斗雪、不畏严寒的梅花以抒发作者不畏强暴、敢于斗争赢得胜利的高尚情操。

锻炼

俗话说："小寒大寒，冷成冰团。"南京人在小寒季节里，有一套地域特色的体育锻炼方式，如跳绳、踢毽子、滚铁环、斗鸡等。如果遇到下雪，则更是欢呼雀跃，打雪仗，堆雪人，很快就会全身暖和，血脉通畅。

大寒

大寒

dà hán

为农历十二月节，公历的1月20日或21日，是二十四节气中的最后一个。大寒时节，寒潮活动非常频繁，温度也非常低，呈现出冰天雪地的严寒景象。此时，大寒至极，阴寒密布地面，悲风鸣树，寒野苍茫，寒气砭骨。过了大寒又立春，即将迎来新一年的节气轮回。交年换新岁，爆竹好惊眠，欢声动春城。如此的生活景象，在这大寒至极的刹那间泛起了玫瑰色，发出甜美和谐、温暖如春的旋律。

大寒

残腊寒野苍茫茫，
冷气刺骨冰凌长。
寒至极处物必反，
阳潜阴施春气扬。

雪打梅枝梅自强，
驱寒一片笑芬芳。
天寒地冻何所惧，
旧枝新蕊独放香。

大寒雪花闪银光，
除夕守岁迎春阳。
爆竹声中旧岁去，
迎春花开亮华妆。

【大寒三候】

鸡乳：

鸡是木畜，能提前感知到春的气息，而“鸡乳”就是指鸡开始哺育后代了。大寒节气开始，光照增加，母鸡便开始孵小鸡。

征鸟厉疾：

征鸟，指鹰隼，是一种比较凶猛飞远的鸟。厉疾是厉猛，捷速。大寒时节天气更加寒冷，征鸟要强悍抢夺更多食物才能抵御寒冷。

水泽腹坚：

水泽，指的是湖水；腹指的是湖水中央；坚，是坚固的意思。阴寒密布地面，而湖面上的冰会结到湖中央，整个冰面变得非常坚固。但坚冰深处春水生，冰冻就要开始走向消融。

【大寒民俗】

祭财神

是大寒时节的一个习俗。这里所说的财神就是五路神，指东西南北中，人们认为出门五路，都可以得财。顾禄的《清嘉录》中是这样记载的：“正月初五日，为路头神诞辰。金锣爆竹，牲醴毕陈，以争先为利市，必早起迎之，谓之接路头。”在以前的上海就有抢路头的习俗，人们会在正月初四子夜，准备好祭品，鸣锣击鼓焚香礼拜。还认为，初五是财神诞辰，为了有个好彩头，会在初四进行，这叫“接财神”。在接财神的时候，必须供羊头与鲤鱼，供羊头是“吉祥”的意思，由于“鱼”与“余”相通，供鲤鱼是为了讨个“吉庆有余”。人们认为，财神显灵就会发财致富，每当过年都会在正月初五零时零分，打开大门和窗户，燃香放爆竹，就是为了欢迎财神。接完财神之后还要吃“路头酒”，一般都是要吃到天亮，大家都希望在新的一年里大发大富。

祭灶

腊月二十三日为祭灶节，民间又称“交年”“小年”。旧时，每家每户灶台上都设有“灶王爷”神位。传说，灶神是玉皇大帝派到每个家庭中监察人们平时善恶的神，人们称之为“司命菩萨”或“灶君司命”，被视为一家的保护神而受到崇拜。送灶神的仪式称为“送灶”或“辞灶”。

送灶时，会在灶王爷像前的桌案上供放糖果、清水、料豆、秣草，其中，后三样是为灶王爷升天的坐骑备料。小年祭灶，是大江南北共同的习俗。

喝腊八粥

介于小寒和大寒之间，有一个非常重要的日子——腊八，即农历十二月初八。北方大多数地方的人们，都会在这一天，用五谷杂粮加上花生、栗子、红枣、莲子等熬成一锅香甜美味的“腊八粥”。据说，是为了祭祀佛祖成道。

抢芝麻

每当快要过年的时候，集市上人山人海，人们争相购买把年货准备齐全。在抢年货的场面中，抢芝麻最为激烈，因为芝麻寓意节节高升，希望借着这美好的寓意在新的一年也能节节高升。